연습하기

Eureka Math®
1학년 실력 향상
모듈 4-6

Great Minds PBC is the creator of Eureka Math®,
Wit & Wisdom®, Alexandria Plan™, and PhD Science™.

Published by Great Minds PBC. greatminds.org

Copyright © 2020 Great Minds PBC. All rights reserved. No part of this work may be reproduced or used in any form or by any means—graphic, electronic, or mechanical, including photocopying or information storage and retrieval systems—without written permission from the copyright holder.

ISBN 978-1-64929-300-8

1 2 3 4 5 6 7 8 9 10 CCD 25 24 23 22 21 20

Printed in the USA

배우기 ♦ 연습하기 ♦ 성공하기

Eureka Math®학생용 자료 단위 이야기® (K–5)는 배우기, 연습하기, 성공하기 트리오에서 확인하실 수 있습니다. 이 시리즈는 학생용 자료집을 체계적으로, 이용하기 쉽게 유지하여 다른 책들과 차별화되며 교육 과정에 도움을 드립니다. 교육자들은 배우기, 연습하기, 성공하기 시리즈가 또한 일관적이며 중재 반응 모델 (RTI), 추가 연습 및 여름 방학 동안 학습을 위해 보다 효과적인 자료를 제공하는 것을 알게 될 것입니다.

배우기

Eureka Math 배우기는 학생들의 사고를 보여주고, 알고 있는 것을 공유하며, 지식이 매일 쌓이는 것을 지켜보는 학생의 같은 반 친구 역할을 합니다. 배우기는 응용 문제, 마무리 평가, 문제 세트, 템플릿 등 일상 수업을 쉽게 보관하고 찾아볼 수 있는 양으로 구성됩니다.

연습하기

모든 *Eureka Math* 수업은 *Eureka Math* 연습하기에서 찾아볼 수 있는 활동을 포함한 활기차고 즐거운, 실력 향상 연습문제로 시작합니다. 수학적 사실에 능숙한 학생들은 더 많은 자료를 더 깊이 익힐 수 있습니다. 연습과 함께, 학생들은 새로 습득한 기술에 대한 역량을 키우고 다음 수업을 위해 이전에 배웠던 사실을 한 번 더 복습해볼 수 있습니다.

배우기와 연습하기 모두 핵심적인 수학 수업에서 사용할 모든 프린트를 제공합니다.

성공하기

Eureka Math 성공하기는 학생들이 수학을 마스터할 수 있도록 자습할 수 있는 환경을 제공합니다. 이러한 추가 문제 세트는 수업별 진도에 맞춰 배정되므로, 숙제 또는 추가 연습에 이상적입니다. 각 문제 세트에는 유사한 문제를 해결하는 방법을 보여주는 예제가 포함된 숙제 도우미가 들어있습니다.

교사 및 과외 교사는 이전 학년 수준의 성공하기 책을 사용하여 학생들 간의 기초 지식 격차를 줄이기 위한 일관된 커리큘럼 유지 도구로서 사용할 수 있습니다. 학생들에게 친숙한 책 구성으로 현재 학년 수준의 내용을 더 쉽게 이해할 수 있게 되어, 더 빠르게 향상되고 발전할 것입니다.

학생, 가족 및 교육자:

수학의 기쁨, 놀라움, 전율을 축하할 수 있는 *Eureka Math®* 커뮤니티의 일원이 되어주셔서 감사합니다. 기쁨을 보여주는 가장 분명한 방법 중 하나는 *Eureka Math* 연습하기에서 제공된 실력 향상 연습 문제를 통해 나타납니다.

수학에서 실력 향상 (유창성)이란 무엇일까요?

아마도 실력 향상(유창성)은 쉽게 말하고 쓰는 것처럼 언어 예술과 관련 있다고 생각하실 수도 있습니다. 미취학 수준부터 5학년 수준까지 *Eureka Math* 커리큘럼에는 수학 실력을 쌓을 수 있는 여러 기회가 포함되어 있습니다. 모두 모든 학생들이 수학을 쉽게 사용할 수 있는 능력을 향상 시키고자 하는 생각을 가지고 설계되었습니다. 실력 향상 경험은 일반적으로 속도가 빠르고 활기차며, 향상을 축하하며 자료 내 패턴과 연결성을 인식하는 데 초점을 둡니다. 성적을 매기고자 하는 것이 아닙니다.

Eureka Math 실력 향상 연습 문제는 어떤 것은 말로, 어떤 것은 조작하면서, 어떤 것은 개인 화이트보드를 사용해서, 그리고 어떤 것은 여전히 인쇄물 및 종이에 연필로 연습하는 등 다양한 형식을 통해 차별화된 연습을 제공합니다. *Eureka Math* 연습하기는 모든 학생들에게 학년별로 인쇄된 실력 향상 연습 문제를 제공합니다.

질주(Sprint)란 무엇인가요?

많은 인쇄된 실력 향상 연습 문제는 우리가 질주라고 부르는 형식을 사용합니다. 이 연습을 통해 이미 배운 기술을 빠르고 정확하게 연습할 수 있습니다. 학생들이 가장 능숙해지는 지점에 가까울 때, 질주는 기억력을 증가시키는 낮은 상태의 아드레날린을 상승 시켜 시간을 줄여줍니다. 이러한 의도적인 설계는 질를 본질적으로 차별화시킵니다. 왼쪽 맨 위에 있는 문제는 가장 쉬운 문제로 시작해 이어갈수록 복잡한 문제를 넣어, 쉬운 문제부터 어려운 문제까지 배치되어 있습니다. 또한 일련의 문제 안에서 의도적인 패턴을 통해 학생들은 고차원적 사고 기술을 향상시킬 수 있습니다.

질주를 전달하기 위해 제시된 방식은 학생들이 1분마다 동일한 기술인 두 개의 연속 질주(A와 B로 표시된)를 하는 것입니다. 학생들은 첫 번째 질주를 하며 자신이 알아차린 패턴을 명확히 알아보기 위해 질주 사이에 멈출 수도 있습니다. 패턴을 알게 되면 대부분 두 번째 질주에서 학습 능력이 자연스럽게 향상됩니다.

시간을 재지 않고 질주를 할 수도 있습니다. 재지 않고 하는 방법은 학생들이 아직 첫 번째 문제 세트 수준에서 해당 기술에 대한 자신감을 쌓고 있을 때 사용하는 것을 적극적으로 권장하고 있습니다. 모든 학생들이 질주를 성공적으로 할 수 있는 준비가 되면, 시간을 재는 방법의 에너지로 속도 및 정확성을 향상시켜 환영받고 학습에 활력을 줄 것입니다.

어디서 다른 실력 향상 연습 문제를 찾을 수 있나요?

Eureka Math 교사용은 인쇄물이 필요하지 않은 단원에서도, 모든 실력 향상 연습 문제를 전달할 수 있도록 교육자들을 도와줍니다. 또한 *Eureka Digital Suite* 에서는 기준 또는 단원으로 찾을 수 있는 모든 학년 수준의 실력 향상 연습 문제를 제공합니다.

놀라운 순간으로 가득 찬 1년이 되기를 기원합니다!

질 디니즈
수학 책임자
Great Minds

내용

모듈 4

1과: 숫자 나누기 3

2과: 핵심 추가 실력 향상 검토 5

5과: 10보다 더, 10보다 덜 관련 검토 질주 7

7과: +1, − 1, +10 − 10 질주 11

7과: 대규모 장소값 차트 15

8과: 핵심 뺄셈 실력 향상 검토 17

10과: 40 내의 숫자 시퀀스 질주 19

12과: 10 내의 관련 덧셈과 뺄셈 질주 23

17과: 핵심 추가 실력 향상 검토 : 누락 추가 27

19과: 40 내의 유사한 추가 질주 29

22과: 10과 20 내의 관련 덧셈과 뺄셈 질주 33

23과: 나의 추가 연습 37

23과: 나의 누락된 추가 연습 39

23과: 나의 관련 덧셈과 뺄셈 연습 41

23과: 나의 빼기 연습 43

23과: 나의 혼합 연습 45

25과: 합계에 대한 누락 된 부록 질주 47

27과: 정상까지의 경주 51

29과: 정상까지의 경주 53

모듈 5

1과: 핵심 덧셈 질주 1 57

1과: 핵심 덧셈 질주 2 61

1과: 핵심 뺄셈 질주 65

1과: 핵심 실력 향상 질주 : 총합이 5, 6, 7일 때 69

1과: 핵심 실력 향상 질주: 총합이 8, 9, 10일 때 73

3과: 나의 덧셈 연습 77

3과 : 나의 알 수 없는 가수 연습 79

3과: 나의 연관 덧셈과 뺄셈 연습 81

3과: 나의 뺄셈 연습 83

3과: 나의 혼합 연습 85

모듈 6

1과: 나의 덧셈 연습 89

1과: 나의 알 수 없는 가수 연습 91

1과: 관련 덧셈과 뺄셈 연습 93

1과: 나의 뺄셈 연습 95

1과: 나의 혼합 연습 97

3과: 핵심 덧셈 질주 1 99

3과: 핵심 덧셈 질주 2 103

3과: 핵심 뺄셈 질주 107

3과: 핵심 실력 향상 질주 : 총합이 5, 6, 7일 때 111

3과: 핵심 실력 향상 질주 : 총합이 8, 9, 10일 때 115

9과: +1, -1, +10 -10 질주 119

10과: 정상까지의 경주 123

18과: 규칙 시트 목록 A 또는 B 125

26과: 시간 기록 시트 127

27과: 2차원 도형 플래시 카드 129

27과: 도형 기록 시트 137

28과: 점의 수 세기 질주 139

28과: 목표 연습 143

28과: 정상까지의 경주 145

29과: 숫자 합 경주 10 147

1학년
모듈 4

숫자 나누기

1과: 일의 자리와 십의 자리를 세는 효율성을 비교하십시오.

이름 _____   날짜 _____

핵심 추가 실력 향상 검토

1. 2 + 0 = ___
2. 2 + 1 = ___
3. 2 + 2 = ___
4. 4 + 0 = ___
5. 0 + 4 = ___
6. 0 + 3 = ___
7. 0 + 0 = ___
8. 3 + 1 = ___
9. 1 + 3 = ___
10. 1 + 4 = ___
11. 1 + 5 = ___
12. 5 + 1 = ___
13. 1 + 7 = ___
14. 7 + 1 = ___
15. 1 + 8 = ___
16. 1 + 6 = ___
17. 6 + 1 = ___
18. 6 + 2 = ___
19. 5 + 2 = ___
20. 4 + 3 = ___
21. 2 + 3 = ___
22. 2 + 4 = ___
23. 4 + 2 = ___
24. 3 + 2 = ___
25. 9 + 1 = ___
26. 8 + 2 = ___
27. 7 + 2 = ___
28. 7 + 3 = ___
29. 6 + 3 = ___
30. 6 + 4 = ___
31. 5 + 3 = ___
32. 3 + 5 = ___
33. 3 + 4 = ___
34. 3 + 3 = ___
35. 4 + 4 = ___
36. 5 + 4 = ___
37. 4 + 6 = ___
38. 2 + 7 = ___
39. 2 + 8 = ___
40. 2 + 5 = ___
41. 5 + 5 = ___
42. 4 + 5 = ___
43. 2 + 6 = ___
44. 3 + 6 = ___
45. 3 + 7 = ___

1.	10 + 3 = ☐		16.	10 + ☐ = 11
2.	10 + 2 = ☐		17.	10 + ☐ = 12
3.	10 + 1 = ☐		18.	5 + ☐ = 15
4.	1 + 10 = ☐		19.	4 + ☐ = 14
5.	4 + 10 = ☐		20.	☐ + 10 = 17
6.	6 + 10 = ☐		21.	17 − ☐ = 7
7.	10 + 7 = ☐		22.	16 − ☐ = 6
8.	8 + 10 = ☐		23.	18 − ☐ = 8
9.	12 − 10 = ☐		24.	☐ − 10 = 8
10.	11 − 10 = ☐		25.	☐ − 10 = 9
11.	10 − 10 = ☐		26.	1 + 1 + 10 = ☐
12.	13 − 10 = ☐		27.	2 + 2 + 10 = ☐
13.	14 − 10 = ☐		28.	2 + 3 + 10 = ☐
14.	15 − 10 = ☐		29.	4 + ☐ + 3 = 17
15.	18 − 10 = ☐		30.	☐ + 5 + 10 = 18

A

이름 _____   날짜 _____

정답 수:

단위 이야기 — 5과 질주 — 1•4

*누락된 숫자를 씁니다.

5과 : 두 자리 수보다 10 개 이상, 10 개 이하, 1 개 이상, 1 개 미만을 식별하십시오.

단위 이야기　　　　　　　　　　　　　5과 질주　1•4

B

이름 _____　　　날짜 _____

정답 수:

*누락된 숫자를 씁니다.

1.	10 + 1 = ☐		16.	10 + ☐ = 10	
2.	10 + 2 = ☐		17.	10 + ☐ = 11	
3.	10 + 3 = ☐		18.	2 + ☐ = 12	
4.	4 + 10 = ☐		19.	삼 + ☐ = 13	
5.	5 + 10 = ☐		20.	☐ + 10 = 13	
6.	6 + 10 = ☐		21.	13 − ☐ = 3	
7.	10 + 8 = ☐		22.	14 − ☐ = 4	
8.	8 + 10 = ☐		23.	16 − ☐ = 6	
9.	10 − 10 = ☐		24.	☐ − 10 = 6	
10.	11 − 10 = ☐		25.	☐ − 10 = 8	
11.	12 − 10 = ☐		26.	2 + 1 + 10 = ☐	
12.	13 − 10 = ☐		27.	3 + 2 + 10 = ☐	
13.	15 − 10 = ☐		28.	2 + 3 + 10 = ☐	
14.	17 − 10 = ☐		29.	4 + ☐ + 4 = 18	
15.	19 − 10 = ☐		30.	☐ + 6 + 10 = 19	

5과 : 　두 자리 수보다 10 개 이상, 10 개 이하, 1 개 이상, 1 개 미만을 식별하십시오.

A

단위 이야기   7과 질주   1•4

정답 수:

이름 _____ 날짜 _____

*누락된 숫자를 씁니다. 더하기 또는 빼기 부호에 주의하세요.

1	5 + 1 = ☐		16	29 + 10 = ☐	
2	15 + 1 = ☐		17	9 + 1 = ☐	
3	25 + 1 = ☐		18	19 + 1 = ☐	
4	5 + 10 = ☐		19	29 + 1 = ☐	
5	15 + 10 = ☐		20	39 + 1 = ☐	
6	25 + 10 = ☐		21	40 − 1 = ☐	
7	8 − 1 = ☐		22	30 − 1 = ☐	
8	18 − 1 = ☐		23	20 − 1 = ☐	
9	28 − 1 = ☐		24	20 + ☐ = 21	
10	38 − 1 = ☐		25	20 + ☐ = 30	
11	38 − 10 = ☐		26	27 + ☐ = 37	
12	28 − 10 = ☐		27	27 + ☐ = 28	
13	18 − 10 = ☐		28	☐ + 10 = 34	
14	9 + 10 = ☐		29	☐ − 10 = 14	
15	19 + 10 = ☐		30	☐ − 10 = 24	

7과 : 주어진 두개 숫자로 두 수량을 비교하고 둘 중 더 크거나 작은 것을 식별하십시오.

B

이름 _____   날짜 _____

정답 수:

*누락된 숫자를 씁니다. 더하기 또는 빼기 부호에 주의하세요.

1	4 + 1 = ☐		16	28 + 10 = ☐	
2	14 + 1 = ☐		17	9 + 1 = ☐	
3	24 + 1 = ☐		18	19 + 1 = ☐	
4	6 + 10 = ☐		19	29 + 1 = ☐	
5	16 + 10 = ☐		20	39 + 1 = ☐	
6	26 + 10 = ☐		21	40 − 1 = ☐	
7	7 − 1 = ☐		22	30 − 1 = ☐	
8	17 − 1 = ☐		23	20 − 1 = ☐	
9	27 − 1 = ☐		24	10 + ☐ = 11	
10	37 − 1 = ☐		25	10 + ☐ = 20	
11	37 − 10 = ☐		26	22 + ☐ = 32	
12	27 − 10 = ☐		27	22 + ☐ = 23	
13	17 − 10 = ☐		28	☐ + 10 = 39	
14	8 + 10 = ☐		29	☐ − 10 = 19	
15	18 + 10 = ☐		30	☐ − 10 = 29	

7과 : 주어진 두개 숫자로 두 수량을 비교하고 둘 중 더 크거나 작은 것을 식별하십시오.

십의 자리	일의 자리

큰 장소 값 차트

7과 : 주어진 두개 숫자로 두 수량을 비교하고 둘 중 더 크거나 작은 것을 식별하십시오.

이름	날짜

핵심 빼기 실력 향상 검토

1. 8 - 0 = ___
2. 8 - 1 = ___
3. 7 - 7 = ___
4. 3 - 3 = ___
5. 3 - 2 = ___
6. 4 - 2 = ___
7. 5 - 2 = ___
8. 5 - 3 = ___
9. 9 - 2 = ___
10. 8 - 2 = ___
11. 7 - 2 = ___
12. 4 - 4 = ___
13. 4 - 3 = ___
14. 5 - 4 = ___
15. 8 - 3 = ___
16. 9 - 3 = ___
17. 10 - 3 = ___
18. 10 - 4 = ___
19. 10 - 2 = ___
20. 10 - 8 = ___
21. 10 - 7 = ___
22. 10 - 6 = ___
23. 6 - 6 = ___
24. 7 - 7 = ___
25. 7 - 6 = ___
26. 8 - 8 = ___
27. 8 - 7 = ___
28. 9 - 9 = ___
29. 9 - 8 = ___
30. 10 - 9 = ___
31. 5 - 5 = ___
32. 6 - 5 = ___
33. 7 - 5 = ___
34. 8 - 5 = ___
35. 8 - 4 = ___
36. 10 - 5 = ___
37. 9 - 5 = ___
38. 9 - 4 = ___
39. 6 - 3 = ___
40. 6 - 4 = ___
41. 7 - 3 = ___
42. 7 - 4 = ___
43. 8 - 6 = ___
44. 9 - 6 = ___
45. 9 - 7 = ___

8과 : 왼쪽에서 오른쪽으로 수량과 숫자를 비교하십시오.

A

이름 _____ **날짜** _____

정답 수:

*순서에 빠진 숫자를 씁니다.

1.	0, 1, 2, ___		16.	15, ___, 13, 12	
2.	10, 11, 12, ___		17.	___, 24, 23, 22	
3.	20, 21, 22, ___		18.	6, 16, ___, 36	
4.	10, 9, 8, ___		19.	7, ___, 27, 37	
5.	20, 19, 18, ___		20.	___, 19, 29, 39	
6.	40, 39, 38, ___		21.	___, 26, 16, 6	
7.	0, 10, 20, ___		22.	34, ___, 14, 4	
8.	2, 12, 22, ___		23.	___, 20, 21, 22	
9.	5, 15, 25, ___		24.	29, ___, 31, 32	
10.	40, 30, 20, ___		25.	5, ___, 25, 35	
11.	39, 29, 19, ___		26.	___, 25, 15, 5	
12.	7, 8, 9, ___		27.	2, 4, ___, 8	
13.	7, 8, ___, 10		28.	___, 14, 16, 18	
14.	17, ___, 19, 20		29.	8, ___, 4, 2	
15.	15, 14, ___, 12		30.	___, 18, 16, 14	

B

이름 _____ 날짜 _____

정답 수:

*순서에 빠진 숫자를 씁니다.

1.	1, 2, 3, ___		16.	13, ___, 11, 10	
2.	11, 12, 13, ___		17.	___, 22, 21, 20	
3.	21, 22, 23, ___		18.	5, 15, ___, 35	
4.	10, 9, 8, ___		19.	4, ___, 24, 34	
5.	20, 19, 18, ___		20.	___, 17, 27, 37	
6.	30, 29, 28, ___		21.	___, 29, 19, 9	
7.	0, 10, 20, ___		22.	31, ___, 11, 1	
8.	3, 13, 23, ___		23.	___, 30, 31, 32	
9.	6, 16, 26, ___		24.	19, ___, 21, 22	
10.	40, 30, 20, ___		25.	5, ___, 25, 35	
11.	38, 28, 18, ___		26.	___, 25, 15, 5	
12.	6, 7, 8, ___		27.	2, 4, ___, 8	
13.	6, 7, ___, 9		28.	___, 12, 14, 16	
14.	16, ___, 18, 19		29.	12, ___, 8, 6	
15.	16, ___, 14, 13		30.	___, 20, 18, 16	

A

이름 _____ 날짜 _____

정답 수:

*누락된 숫자를 씁니다. +와 – 기호에 주의를 기울이세요.

1.	3 + ☐ = 4		16.	3 + ☐ = 7	
2.	1 + ☐ = 4		17.	7 = 4 + ☐	
3.	4 − 1 = ☐		18.	7 − 4 = ☐	
4.	4 − 3 = ☐		19.	7 − 3 = ☐	
5.	3 + ☐ = 5		20.	3 + ☐ = 8	
6.	2 + ☐ = 5		21.	8 = 5 + ☐	
7.	5 − 2 = ☐		22.	☐ = 8 − 5	
8.	5 − 3 = ☐		23.	☐ = 8 − 3	
9.	4 + ☐ = 6		24.	3 + ☐ = 9	
10.	2 + ☐ = 6		25.	9 = 6 + ☐	
11.	6 − 2 = ☐		26.	☐ = 9 − 6	
12.	6 − 4 = ☐		27.	☐ = 9 − 3	
13.	6 − 3 = ☐		28.	9 − 4 = ☐ + 2	
14.	3 + ☐ = 6		29.	☐ + 3 = 9 − 3	
15.	6 − ☐ = 3		30.	☐ − 7 = 8 − 6	

12과: 두 자리 숫자에 10을 더합니다.

B

이름 _____ 날짜 _____

정답 수:

*누락된 숫자를 씁니다. +와 – 기호에 주의를 기울이세요.

1.	4 + ☐ = 4		16.	2 + ☐ = 7	
2.	0 + ☐ = 4		17.	7 = 5 + ☐	
3.	4 − 0 = ☐		18.	7 − 5 = ☐	
4.	4 − 4 = ☐		19.	7 − 2 = ☐	
5.	4 + ☐ = 5		20.	2 + ☐ = 8	
6.	1 + ☐ = 5		21.	8 = 6 + ☐	
7.	5 − 1 = ☐		22.	☐ = 8 − 6	
8.	5 − 4 = ☐		23.	☐ = 8 − 2	
9.	5 + ☐ = 6		24.	2 + ☐ = 9	
10.	1 + ☐ = 6		25.	9 = 7 + ☐	
11.	6 − 1 = ☐		26.	☐ = 9 − 7	
12.	6 − 5 = ☐		27.	☐ = 9 − 2	
13.	2 + ☐ = 6		28.	9 − 3 = ☐ + 3	
14.	4 + ☐ = 6		29.	☐ + 2 = 9 − 4	
15.	6 − 4 = ☐		30.	☐ − 6 = 8 − 3	

12과 : 두 자리 숫자에 10을 더합니다.

| 단위 이야기 | 17과 핵심 추가 실력 향상 검토 | 1•4 |

이름 _____ 날짜 _____

핵심 추가 실력 향상 검토 : 누락 추가

1. 5 + ___ = 5
2. 4 + ___ = 5
3. 2 + ___ = 5
4. 3 + ___ = 5
5. 0 + ___ = 5
6. 1 + ___ = 5
7. 1 + ___ = 6
8. 0 + ___ = 6
9. 6 + ___ = 6
10. 5 + ___ = 6
11. 3 + ___ = 6
12. 4 + ___ = 6
13. 2 + ___ = 6
14. 2 + ___ = 7
15. 5 + ___ = 7

16. 6 + ___ = 7
17. 1 + ___ = 7
18. 0 + ___ = 7
19. 7 + ___ = 7
20. 3 + ___ = 7
21. 4 + ___ = 7
22. 4 + ___ = 8
23. 5 + ___ = 8
24. 6 + ___ = 8
25. 2 + ___ = 8
26. 3 + ___ = 8
27. 0 + ___ = 8
28. 8 + ___ = 8
29. 7 + ___ = 8
30. 1 + ___ = 8

31. 9 + ___ = 9
32. 0 + ___ = 9
33. 1 + ___ = 9
34. 2 + ___ = 9
35. 7 + ___ = 9
36. 6 + ___ = 9
37. 5 + ___ = 9
38. 3 + ___ = 9
39. 4 + ___ = 9
40. 4 + ___ = 10
41. 5 + ___ = 10
42. 6 + ___ = 10
43. 3 + ___ = 10
44. 1 + ___ = 10
45. 2 + ___ = 10

17과 : 일의 자리에 일의 자리를 추가 또는 십의 자리에 십의 자리를 추가하십시오.

A

단위 이야기   19과 질주   1•4

정답 수:

이름 _____ 날짜 _____

*누락된 숫자를 씁니다.

1	6 + 1 = ☐		16	6 + 3 = ☐	
2	16 + 1 = ☐		17	16 + 3 = ☐	
3	26 + 1 = ☐		18	26 + 3 = ☐	
4	5 + 2 = ☐		19	4 + 5 = ☐	
5	15 + 2 = ☐		20	15 + 4 = ☐	
6	25 + 2 = ☐		21	8 + 2 = ☐	
7	5 + 3 = ☐		22	18 + 2 = ☐	
8	5 + 3 = ☐		23	28 + 2 = ☐	
9	25 + 3 = ☐		24	8 + 3 = ☐	
10	4 + 4 = ☐		25	8 + 13 = ☐	
11	14 + 4 = ☐		26	8 + 23 = ☐	
12	24 + 4 = ☐		27	8 + 5 = ☐	
13	5 + 4 = ☐		28	8 + 15 = ☐	
14	15 + 4 = ☐		29	28 + ☐ = 33	
15	25 + 4 = ☐		30	25 + ☐ = 33	

19과: 총 미지수을 합치고 분해를 풀고 미지의 단어 문제 결과에 더하기 위해 막대 다이어그램을 표현으로 사용하십시오.

단위 이야기   19과 질주   1•4

B

정답 수:

이름 _____ 날짜 _____

*누락된 숫자를 씁니다.

1	5 + 1 = ☐		16	6 + 삼 = ☐	
2	15 + 1 = ☐		17	16 + 삼 = ☐	
3	25 + 1 = ☐		18	26 + 3 = ☐	
4	4 + 2 = ☐		19	3 + 5 = ☐	
5	14 + 2 = ☐		20	15 + 삼 = ☐	
6	24 + 2 = ☐		21	9 + 1 = ☐	
7	5 + 삼 = ☐		22	19 + 1 = ☐	
8	15 + 삼 = ☐		23	29 + 1 = ☐	
9	25 + 삼 = ☐		24	9 + 2 = ☐	
10	6 + 2 = ☐		25	9 + 12 = ☐	
11	16 + 2 = ☐		26	9 + 22 = ☐	
12	26 + 2 = ☐		27	9 + 5 = ☐	
13	4 + 삼 = ☐		28	9 + 15 = ☐	
14	14 + 3 = ☐		29	29 + ☐ = 34	
15	24 + 삼 = ☐		30	25 + ☐ = 34	

19과: 총 미지수을 합치고 분해를 풀고 미지의 단어 문제 결과에 더하기 위해 막대 다이어그램을 표현으로 사용하십시오.

A

단위 이야기 | 22과 질주 | 1•4

이름 _____ 날짜 _____

정답 수:

*누락된 숫자를 씁니다. +와 − 기호에 주의를 기울이세요.

1	2 + 2 = ☐		16	2 + ☐ = 8	
2	2 + ☐ = 4		17	6 + ☐ = 8	
3	4 − 2 = ☐		18	8 − 6 = ☐	
4	3 + 3 = ☐		19	8 − 2 = ☐	
5	3 + ☐ = 6		20	9 + 2 = ☐	
6	6 − 3 = ☐		21	9 + ☐ = 11	
7	4 + ☐ = 7		22	11 − 9 = ☐	
8	3 + ☐ = 7		23	9 + ☐ = 15	
9	7 − 3 = ☐		24	15 − 9 = ☐	
10	7 − 4 = ☐		25	8 + ☐ = 15	
11	5 + 4 = ☐		26	15 − ☐ = 8	
12	4 + ☐ = 9		27	8 + ☐ = 17	
13	9 − 4 = ☐		28	17 − ☐ = 8	
14	9 − 5 = ☐		29	27 − ☐ = 8	
15	9 − ☐ = 4		30	37 − ☐ = 8	

22과: 다양한 유형의 단어 문제를 씁니다.

B

단위 이야기 | 22과 질주 | 1•4

정답 수:

이름 _____   날짜 _____

*누락된 숫자를 씁니다. +와 − 기호에 주의를 기울이세요.

1	3 + 3 = ☐		16	2 + ☐ = 9	
2	3 + ☐ = 6		17	7 + ☐ = 9	
3	6 − 3 = ☐		18	9 − 7 = ☐	
4	4 + 4 = ☐		19	9 − 2 = ☐	
5	4 + ☐ = 8		20	9 + 5 = ☐	
6	8 − 4 = ☐		21	9 + ☐ = 14	
7	4 + ☐ = 9		22	14 − 9 = ☐	
8	5 + ☐ = 9		23	9 + ☐ = 16	
9	9 − 5 = ☐		24	16 − 9 = ☐	
10	9 − 4 = ☐		25	8 + ☐ = 16	
11	3 + 4 = ☐		26	16 − ☐ = 8	
12	4 + ☐ = 7		27	8 + ☐ = 16	
13	7 − 4 = ☐		28	16 − ☐ = 8	
14	7 − 3 = ☐		29	26 − ☐ = 8	
15	7 − ☐ = 3		30	36 − ☐ = 8	

22과 : 다양한 유형의 단어 문제를 씁니다.

이름 _____   날짜 _____

나의 덧셈 연습

1. $6 + 0 = $ ___	11. $7 + 1 = $ ___	21. $5 + 3 = $ ___
2. $0 + 6 = $ ___	12. ___ $= 1 + 7$	22. ___ $= 5 + 4$
3. $5 + 1 = $ ___	13. $3 + 3 = $ ___	23. $6 + 4 = $ ___
4. $1 + 5 = $ ___	14. $3 + 4 = $ ___	24. $4 + 6 = $ ___
5. $6 + 1 = $ ___	15. ___ $= 3 + 5$	25. ___ $= 4 + 4$
6. $1 + 6 = $ ___	16. $6 + 3 = $ ___	26. $3 + 4 = $ ___
7. $6 + 2 = $ ___	17. $7 + 3 = $ ___	27. $5 + 5 = $ ___
8. $5 + 2 = $ ___	18. ___ $= 7 + 2$	28. ___ $= 4 + 5$
9. $2 + 5 = $ ___	19. $2 + 7 = $ ___	29. $3 + 7 = $ ___
10. $2 + 4 = $ ___	20. $2 + 8 = $ ___	30. ___ $= 3 + 6$

오늘 _____ 문제를 마쳤습니다.

_____ 문제를 올바르게 해결했습니다.

23과: 숫자가 9보다 큰 경우를 포함하여 십의 자리와 일의 자리로서의 두 자리 수를 해석합니다.

이름 _____   날짜 _____

누락된 추가 연습

1. 6 + ___ = 6	11. 3 + ___ = 6	21. 4 + ___ = 7
2. 0 + ___ = 6	12. 4 + ___ = 8	22. 7 = 3 + ___
3. 5 + ___ = 6	13. 10 = 5 + ___	23. 2 + ___ = 7
4. 4 + ___ = 6	14. 5 + ___ = 9	24. 2 + ___ = 8
5. 0 + ___ = 7	15. 5 + ___ = 7	25. 9 = 2 + ___
6. 6 + ___ = 7	16. 8 = 5 + ___	26. 2 + ___ = 10
7. 1 + ___ = 7	17. 5 + ___ = 9	27. 10 = 3 + ___
8. 7 + ___ = 8	18. 8 + ___ = 10	28. 3 + ___ = 9
9. 1 + ___ = 8	19. 7 + ___ = 10	29. 4 + ___ = 9
10. 6 + ___ = 8	20. 10 = 6 + ___	30. 10 = 4 + ___

오늘 _____ 문제를 마쳤습니다.

_____ 문제를 올바르게 해결했습니다.

23과: 숫자가 9보다 큰 경우를 포함하여 십의 자리와 일의 자리로서의 두 자리 수를 해석합니다.

이름 _____ 날짜 _____

내 관련 더하기 및 빼기 연습

1. $5 + \_\_\_ = 6$	11. $7 + \_\_\_ = 10$	21. $4 + \_\_\_ = 8$
2. $1 + \_\_\_ = 6$	12. $10 - 7 = \_\_\_$	22. $8 - 4 = \_\_\_$
3. $6 - 1 = \_\_\_$	13. $5 + \_\_\_ = 7$	23. $4 + \_\_\_ = 7$
4. $9 + \_\_\_ = 10$	14. $7 - 5 = \_\_\_$	24. $7 - 4 = \_\_\_$
5. $1 + \_\_\_ = 10$	15. $5 + \_\_\_ = 8$	25. $5 + \_\_\_ = 9$
6. $10 - 9 = \_\_\_$	16. $8 - 5 = \_\_\_$	26. $9 - 5 = \_\_\_$
7. $5 + \_\_\_ = 10$	17. $4 + \_\_\_ = 6$	27. $6 + \_\_\_ = 9$
8. $10 - 5 = \_\_\_$	18. $6 - 4 = \_\_\_$	28. $9 - 6 = \_\_\_$
9. $8 + \_\_\_ = 10$	19. $3 + \_\_\_ = 6$	29. $4 + \_\_\_ = 7$
10. $10 - 8 = \_\_\_$	20. $6 - 3 = \_\_\_$	30. $7 - 4 = \_\_\_$

오늘 _____ 문제를 마쳤습니다.

_____ 문제를 올바르게 해결했습니다.

23과: 9개 이상의 일의 자리의 경우를 포함하여 십의 자리와 일의 자리로서의 두 자리 수를 해석합니다.

단위 이야기   23과 핵심 실력 향상 연습 세트 D   1•4

이름 _____   날짜 _____

나의 빼기 연습

1. 6 − 0 = ___	11. 6 − 3 = ___	21. 8 − 4 = ___
2. 6 − 1 = ___	12. 7 − 3 = ___	22. 8 − 3 = ___
3. 7 − 1 = ___	13. 9 − 3 = ___	23. 8 − 5 = ___
4. 8 − 1 = ___	14. 10 − 8 = ___	24. 9 − 5 = ___
5. 6 − 2 = ___	15. 10 − 6 = ___	25. 9 − 4 = ___
6. 7 − 2 = ___	16. 10 − 4 = ___	26. 7 − 3 = ___
7. 9 − 2 = ___	17. 10 − 5 = ___	27. 10 − 7 = ___
8. 10 − 10 = ___	18. 7 − 6 = ___	28. 9 − 7 = ___
9. 10 − 9 = ___	19. 7 − 5 = ___	29. 9 − 6 = ___
10. 10 − 7 = ___	20. 6 − 4 = ___	30. 8 − 6 = ___

오늘 _____ 문제를 마쳤습니다.

_____ 문제를 올바르게 해결했습니다.

23과: 숫자가 9보다 큰 경우를 포함하여 십의 자리와 일의 자리로서의 두 자리 수를 해석합니다.

단위 이야기　　　　　　　　　　23과 핵심 실력 향상 연습 세트 E　1•4

이름 _____　　　날짜 _____

내 혼합 연습

1. 4 + 2 = ___	11. 2 + ___ = 6	21. 8 − 5 = ___
2. 2 + ___ = 6	12. 6 − 2 = ___	22. 3 + ___ = 8
3. 6 = 3 + ___	13. 6 − 4 = ___	23. 8 = ___ + 5
4. 2 + 5 = ___	14. 5 + ___ = 7	24. ___ + 2 = 9
5. 7 = 5 + ___	15. 7 − 5 = ___	25. 9 = ___ + 7
6. 4 + 3 = ___	16. 7 − 4 = ___	26. 9 − 2 = ___
7. 7 = ___ + 4	17. 7 − 3 = ___	27. 9 − 7 = ___
8. 8 = ___ + 4	18. 8 = 6 + ___	28. 9 − 6 = ___
9. 4 + 5 = ___	19. 8 − 2 = ___	29. 9 = ___ + 4
10. 9 = ___ + 4	20. 8 − 6 = ___	30. 9 − 6 = ___

오늘 _____ 문제를 마쳤습니다.

_____ 문제를 올바르게 해결했습니다.

23과:　9개 이상의 일의 자리의 경우를 포함하여 십의 자리와 일의 자리로서의 두 자리 수를 해석합니다.

A

이름 _____ 날짜 _____

정답 수:

*누락된 숫자를 씁니다.

1.	5 + □ = 10		16.	9 + □ = 10	
2.	9 + □ = 10		17.	19 + □ = 20	
3.	10 + □ = 10		18.	5 + □ = 10	
4.	0 + □ = 10		19.	15 + □ = 20	
5.	8 + □ = 10		20.	1 + □ = 10	
6.	7 + □ = 10		21.	11 + □ = 20	
7.	6 + □ = 10		22.	3 + □ = 10	
8.	4 + □ = 10		23.	13 + □ = 20	
9.	3 + □ = 10		24.	4 + □ = 10	
10.	□ + 7 = 10		25.	14 + □ = 20	
11.	2 + □ = 10		26.	16 + □ = 20	
12.	□ + 8 = 10		27.	2 + □ = 10	
13.	1 + □ = 10		28.	12 + □ = 20	
14.	□ + 2 = 10		29.	18 + □ = 20	
15.	□ + 3 = 10		30.	11 + □ = 20	

25과: 한 자리수 총합이 10보다 적거나 같을 때 두 자리 숫자 쌍을 축가합니다.

| 단위 이야기 | | 25과 핵심 실력 향상 질주 | 1•4 |

B

정답 수:

이름 _____ 날짜 _____

*누락된 숫자를 씁니다.

1.	10 + ☐ = 10		16.	5 + ☐ = 10	
2.	0 + ☐ = 10		17.	15 + ☐ = 20	
3.	9 + ☐ = 10		18.	9 + ☐ = 10	
4.	5 + ☐ = 10		19.	19 + ☐ = 20	
5.	6 + ☐ = 10		20.	8 + ☐ = 10	
6.	7 + ☐ = 10		21.	18 + ☐ = 20	
7.	8 + ☐ = 10		22.	2 + ☐ = 10	
8.	2 + ☐ = 10		23.	12 + ☐ = 20	
9.	3 + ☐ = 10		24.	3 + ☐ = 10	
10.	☐ + 7 = 10		25.	13 + ☐ = 20	
11.	2 + ☐ = 10		26.	17 + ☐ = 20	
12.	☐ + 8 = 10		27.	4 + ☐ = 10	
13.	1 + ☐ = 10		28.	16 + ☐ = 20	
14.	☐ + 9 = 10		29.	18 + ☐ = 20	
15.	☐ + 2 = 10		30.	12 + ☐ = 40	

25과 : 한 자리수 총합이 10보다 적거나 같을 때 두 자리 숫자 쌍을 축가합니다.

단위 이야기 | 27과 실력 향상 템플릿 | 1•4

이름 _____ 날짜 _____

 **정상으로 달려가자!**

2	3	4	5	6	7	8	9	10	11	12

정상까지의 경

27과 : 숫자의 합계가 10보다 크거나 같은 경우 두 자리 숫자 쌍을 추가하십시오.

| 단위 이야기 | 29과 실력 향상 템플릿 | 1•4 |

이름 _____ 날짜 _____

 **정상으로 달려가자!**

| 2 | 3 | 4 | 5 | 6 | 7 | 8 | 9 | 10 | 11 | 12 |

정상까지의 경주

29과 : 일의 자리로 다양한 총합을 만드는 두 자리 숫자 쌍을 추가하십시오.

1학년
모듈 5

단위 이야기 | 1과 핵심 덧셈 질주 1 | 1•5

A

이름 _____ 날짜 _____

정답 수:

*빈칸에 숫자를 쓰세요. 기호에 주의하세요.

1.	4 + 1 = ____	16.	4 + 3 = ____
2.	4 + 2 = ____	17.	____ + 4 = 7
3.	4 + 3 = ____	18.	7 = ____ + 4
4.	6 + 1 = ____	19.	5 + 4 = ____
5.	6 + 2 = ____	20.	____ + 5 = 9
6.	6 + 3 = ____	21.	9 = ____ + 4
7.	1 + 5 = ____	22.	2 + 7 = ____
8.	2 + 5 = ____	23.	____ + 2 = 9
9.	3 + 5 = ____	24.	9 = ____ + 7
10.	5 + ____ = 8	25.	3 + 6 = ____
11.	8 = 3 + ____	26.	____ + 3 = 9
12.	7 + 2 = ____	27.	9 = ____ + 6
13.	7 + 3 = ____	28.	4 + 4 = ____ + 2
14.	7 + ____ = 10	29.	5 + 4 = ____ + 3
15.	____ + 7 = 10	30.	____ + 7 = 3 + 6

1과: 예시, 변수 및 비예시를 사용해 속성을 정의해 도형을 분류하세요.

단위 이야기　　　　　　　　　　　　　1과 핵심 덧셈 질주 1　**1•5**

B

정답 수:

이름 _____　　　날짜 _____

*빈칸에 숫자를 쓰세요. 기호에 주의하세요.

1.	5 + 1 = ____	16.	2 + 4 = ____
2.	5 + 2 = ____	17.	____ + 4 = 6
3.	5 + 3 = ____	18.	6 = ____ + 4
4.	4 + 1 = ____	19.	3 + 4 = ____
5.	4 + 2 = ____	20.	____ + 3 = 7
6.	4 + 3 = ____	21.	7 = ____ + 4
7.	1 + 3 = ____	22.	4 + 5 = ____
8.	2 + 3 = ____	23.	____ + 4 = 9
9.	3 + 3 = ____	24.	9 = ____ + 5
10.	3 + ____ = 6	25.	2 + 6 = ____
11.	____ + 3 = 6	26.	____ + 6 = 9
12.	5 + 2 = ____	27.	9 = ____ + 2
13.	5 + 3 = ____	28.	3 + 3 = ____ + 4
14.	5 + ____ = 8	29.	3 + 4 = ____ + 5
15.	____ + 3 = 8	30.	____ + 6 = 2 + 7

1과:　예시, 변수 및 비예시를 사용해 속성을 정의해 도형을 분류하세요.

A

단위 이야기   1과 핵심 덧셈 질주 2

정답 수:

이름 _____ 날짜 _____

*빈칸에 숫자를 쓰세요. 등호에 주의하세요.

1.	5 + 2 = ____	16.	____ = 5 + 4
2.	6 + 2 = ____	17.	____ = 4 + 5
3.	7 + 2 = ____	18.	6 + 3 = ____
4.	4 + 3 = ____	19.	3 + 6 = ____
5.	5 + 3 = ____	20.	____ = 2 + 6
6.	6 + 3 = ____	21.	2 + 7 = ____
7.	____ = 6 + 2	22.	____ = 3 + 4
8.	____ = 2 + 6	23.	3 + 6 = ____
9.	____ = 7 + 2	24.	____ = 4 + 5
10.	____ = 2 + 7	25.	3 + 4 = ____
11.	____ = 4 + 3	26.	13 + 4 = ____
12.	____ = 3 + 4	27.	3 + 14 = ____
13.	____ = 5 + 3	28.	3 + 6 = ____
14.	____ = 3 + 5	29.	13 + ____ = 19
15.	____ = 3 + 4	30.	19 = ____ + 16

1과: 예시, 변수 및 비예시를 사용해 속성을 정의해 도형을 분류하세요

| 단위 이야기 | | 1과 핵심 덧셈 질주 2 | 1•5 |

B

정답 수:

이름 _____ 날짜 _____

*빈칸에 숫자를 쓰세요. 등호에 주의하세요.

1.	4 + 3 = ____	16.	____ = 6 + 3
2.	5 + 3 = ____	17.	____ = 3 + 6
3.	6 + 3 = ____	18.	5 + 4 = ____
4.	6 + 2 = ____	19.	4 + 5 = ____
5.	7 + 2 = ____	20.	____ = 2 + 7
6.	5 + 4 = ____	21.	2 + 6 = ____
7.	____ = 4 + 3	22.	____ = 3 + 4
8.	____ = 3 + 4	23.	4 + 5 = ____
9.	____ = 5 + 3	24.	____ = 3 + 6
10.	____ = 3 + 5	25.	2 + 7 = ____
11.	____ = 6 + 2	26.	12 + 7 = ____
12.	____ = 2 + 6	27.	2 + 17 = ____
13.	____ = 7 + 2	28.	4 + 5 = ____
14.	____ = 2 + 7	29.	14 + ____ = 19
15.	____ = 7 + 2	30.	19 = ____ + 15

단위 이야기 | 1과 핵심 뺄셈 질주 | 1•5

정답 수:

A

이름 _____ 날짜 _____

*빈칸에 숫자를 쓰세요. 기호에 주의하세요.

1.	6 − 1 = ____	16.	8 − 2 = ____
2.	6 − 2 = ____	17.	8 − 6 = ____
3.	6 − 3 = ____	18.	7 − 3 = ____
4.	10 − 1 = ____	19.	7 − 4 = ____
5.	10 − 2 = ____	20.	8 − 4 = ____
6.	10 − 3 = ____	21.	9 − 4 = ____
7.	7 − 2 = ____	22.	9 − 5 = ____
8.	8 − 2 = ____	23.	9 − 6 = ____
9.	9 − 2 = ____	24.	9 − ____ = 6
10.	7 − 3 = ____	25.	9 − ____ = 2
11.	8 − 3 = ____	26.	2 = 8 − ____
12.	10 − 3 = ____	27.	2 = 9 − ____
13.	10 − 4 = ____	28.	10 − 7 = 9 − ____
14.	9 − 4 = ____	29.	9 − 5 = ____ − 3
15.	8 − 4 = ____	30.	____ − 6 = 9 − 7

1과: 예시, 변수 및 비예시를 사용해 속성을 정의해 도형을 분류하세요.

| 단위 이야기 | | 1과 핵심 뺄셈 질주 | 1•5 |

B

정답 수:

이름 _____ 날짜 _____

*빈칸에 숫자를 쓰세요. 기호에 주의하세요.

1.	5 − 1 = ____	16.	6 − 2 = ____
2.	5 − 2 = ____	17.	6 − 4 = ____
3.	5 − 3 = ____	18.	8 − 3 = ____
4.	10 − 1 = ____	19.	8 − 5 = ____
5.	10 − 2 = ____	20.	8 − 6 = ____
6.	10 − 3 = ____	21.	9 − 3 = ____
7.	6 − 2 = ____	22.	9 − 6 = ____
8.	7 − 2 = ____	23.	9 − 7 = ____
9.	8 − 2 = ____	24.	9 − ____ = 5
10.	6 − 3 = ____	25.	9 − ____ = 4
11.	7 − 3 = ____	26.	4 = 8 − ____
12.	8 − 3 = ____	27.	4 = 9 − ____
13.	5 − 4 = ____	28.	10 − 8 = 9 − ____
14.	6 − 4 = ____	29.	8 − 6 = ____ − 7
15.	7 − 4 = ____	30.	____ − 4 = 9 − 6

1과: 예시, 변수 및 비예시를 사용해 속성을 정의해 도형을 분류하세.

| 단위 이야기 | | 핵심 실력 향상 질주: 총합 5, 6, 7 | 1•5 |

A

정답 수:

이름 _____   날짜 _____

*빈칸에 숫자를 쓰세요. 기호에 주의하세요.

1.	2 + 3 =	16.	3 + 3 =
2.	3 + ___ = 5	17.	6 − 3 =
3.	5 − 3 =	18.	6 = ___ + 3
4.	5 − 2 =	19.	2 + 5 =
5.	___ + 2 = 5	20.	5 + ___ = 7
6.	1 + 5 =	21.	7 − 2 =
7.	1 + ___ = 6	22.	7 − 5 =
8.	6 − 1 =	23.	7 = ___ + 5
9.	6 − 5 =	24.	3 + 4 =
10.	___ + 5 = 6	25.	4 + ___ = 7
11.	4 + 2 =	26.	7 − 4 =
12.	2 + ___ = 6	27.	7 = ___ + 3
13.	6 − 2 =	28.	3 = 7 − ___
14.	6 − 4 =	29.	7 − 5 = ___ − 4
15.	___ + 4 = 6	30.	___ − 3 = 7 − 4

1과: 예시, 변수 및 비예시를 사용해 속성을 정의해 도형을 분류하세요.

B

단위 이야기　　　　　　　　　　　　핵심 실력 향상 질주: 총합 5, 6, 7

정답 수:

이름 _____　　　날짜 _____

*빈칸에 숫자를 쓰세요. 기호에 주의하세요.

1.	1 + 4 =	16.	3 + 3 =
2.	4 + ___ = 5	17.	6 − 3 =
3.	5 − 4 =	18.	6 = ___ + 3
4.	5 − 1 =	19.	2 + 4 =
5.	___ + 1 = 5	20.	4 + ___ = 6
6.	5 + 2 =	21.	6 − 2 =
7.	5 + ___ = 7	22.	6 − 4 =
8.	7 − 2 =	23.	6 = ___ + 4
9.	7 − 5 = ___	24.	3 + 4 =
10.	___ + 2 = 7	25.	4 + ___ = 7
11.	1 + 5 =	26.	7 − 4 =
12.	1 + ___ = 6	27.	7 = ___ + 4
13.	6 − 1 =	28.	4 = 7 − ___
14.	6 − 5 =	29.	6 − 4 = ___ − 5
15.	___ + 5 = 6	30.	___ − 2 = 7 − 3

| 단위 이야기 | | 핵심 실력 향상 질주 : 총합 8, 9, 10 | 1•5 |

A

정답 수: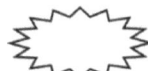

이름 _____ 날짜 _____

*빈칸에 숫자를 쓰세요. 기호에 주의하세요.

1.	5 + 5 =	16.	2 + 6 =
2.	5 + ___ = 10	17.	8 = 6 +
3.	10 − 5 =	18.	8 − 2 =
4.	9 + 1 =	19.	2 + 7 =
5.	1 + ___ = 10	20.	9 = 7 +
6.	10 − 1 =	21.	9 − 7 =
7.	10 − 9 =	22.	8 = ___ + 2
8.	+ 9 = 10	23.	8 − 6 =
9.	1 + 8 =	24.	3 + 6 =
10.	8 + ___ = 9	25.	9 = 6 +
11.	9 − 1 =	26.	9 − 6 =
12.	9 − 8 =	27.	9 = ___ + 3
13.	+ 1 = 9	28.	3 = 9 −
14.	4 + 4 =	29.	9 − 5 = ___ − 6
15.	8 − 4 =	30.	−7 = 8 − 6

1과: 예시, 변수 및 비예시를 사용해 속성을 정의해 도형을 분류하세요.

| 단위 이야기 | | | 핵심 실력 향상 질주 : 총 8, 9, 10 | 1•5 |

B

정답 수:

이름 _____ 날짜 _____

*빈칸에 숫자를 쓰세요. 기호에 주의하세요.

1.	9 + 1 =	16.	3 + 5 =
2.	1 + ____ = 10	17.	8 = 5 +
3.	10 − 1 =	18.	8 − 3 =
4.	10 − 9 =	19.	2 + 6 =
5.	+ 9 = 10	20.	8 = 6 +
6.	1 + 7 =	21.	8 − 6 =
7.	7 + ____ = 8	22.	2 + 7 =
8.	8 − 1 =	23.	9 = ____ + 2
9.	8 − 7 =	24.	9 − 7 =
10.	+ 1 = 8	25.	4 + 5 =
11.	2 + 8 =	26.	9 = 5 +
12.	2 + ____ = 10	27.	9 − 5 =
13.	10 − 2 =	28.	5 = 9 −
14.	10 − 8 =	29.	9 − 6 = ____ − 5
15.	+ 8 = 10	30.	−6 = 9 − 7

이름 _____   날짜 _____

나의 덧셈 연습

1. 6 + 0 = ___
2. 0 + 6 = ___
3. 5 + 1 = ___
4. 1 + 5 = ___
5. 6 + 1 = ___
6. 1 + 6 = ___
7. 6 + 2 = ___
8. 5 + 2 = ___
9. 2 + 5 = ___
10. 2 + 4 = ___

11. 7 + 1 = ___
12. ___ = 1 + 7
13. 3 + 3 = ___
14. 3 + 4 = ___
15. ___ = 3 + 5
16. 6 + 3 = ___
17. 7 + 3 = ___
18. ___ = 7 + 2
19. 2 + 7 = ___
20. 2 + 8 = ___

21. 5 + 3 = ___
22. ___ = 5 + 4
23. 6 + 4 = ___
24. 4 + 6 = ___
25. ___ = 4 + 4
26. 3 + 4 = ___
27. 5 + 5 = ___
28. ___ = 4 + 5
29. 3 + 7 = ___
30. ___ = 3 + 6

오늘 _____ 문제를 풀었습니다.

이름 _____   날짜 _____

알 수 없는 가수 연습

1. 6 + ___ = 6
2. 0 + ___ = 6
3. 5 + ___ = 6
4. 4 + ___ = 6
5. 0 + ___ = 7
6. 6 + ___ = 7
7. 1 + ___ = 7
8. 7 + ___ = 8
9. 1 + ___ = 8
10. 6 + ___ = 8
11. 3 + ___ = 6
12. 4 + ___ = 8
13. 10 = 5 + ___
14. 5 + ___ = 9
15. 5 + ___ = 7
16. 8 = 5 + ___
17. 5 + ___ = 9
18. 8 + ___ = 10
19. 7 + ___ = 10
20. 10 = 6 + ___
21. 4 + ___ = 7
22. 7 = 3 + ___
23. 2 + ___ = 7
24. 2 + ___ = 8
25. 9 = 2 + ___
26. 2 + ___ = 10
27. 10 = 3 + ___
28. 3 + ___ = 9
29. 4 + ___ = 9
30. 10 = 4 + ___

오늘 _____ 문제를 풀었습니다.

_____ 문제를 올바르게 해결했습니다.

이름 _____   날짜 _____

나의 연관 덧셈과 뺄셈 연습

1. 5 + ___ = 6
2. 1 + ___ = 6
3. 6 − 1 = ___
4. 9 + ___ = 10
5. 1 + ___ = 10
6. 10 − 9 = ___
7. 5 + ___ = 10
8. 10 − 5 = ___
9. 8 + ___ = 10
10. 10 − 8 = ___

11. 7 + ___ = 10
12. 10 − 7 = ___
13. 5 + ___ = 7
14. 7 − 5 = ___
15. 5 + ___ = 8
16. 8 − 5 = ___
17. 4 + ___ = 6
18. 6 − 4 = ___
19. 3 + ___ = 6
20. 6 − 3 = ___

21. 4 + ___ = 8
22. 8 − 4 = ___
23. 4 + ___ = 7
24. 7 − 4 = ___
25. 5 + ___ = 9
26. 9 − 5 = ___
27. 6 + ___ = 9
28. 9 − 6 = ___
29. 4 + ___ = 7
30. 7 − 4 = ___

오늘 _____ 문제를 풀었습니다.

_____ 문제를 올바르게 해결했습니다.

단위 이야기

3과 핵심 실력 향상 연습 세트 D

이름 _____   날짜 _____

나의 뺄셈 연습

1. 6 − 0 = ___
2. 6 − 1 = ___
3. 7 − 1 = ___
4. 8 − 1 = ___
5. 6 − 2 = ___
6. 7 − 2 = ___
7. 9 − 2 = ___
8. 10 − 10 = ___
9. 10 − 9 = ___
10. 10 − 7 = ___

11. 6 − 3 = ___
12. 7 − 3 = ___
13. 9 − 3 = ___
14. 10 − 8 = ___
15. 10 − 6 = ___
16. 10 − 4 = ___
17. 10 − 5 = ___
18. 7 − 6 = ___
19. 7 − 5 = ___
20. 6 − 4 = ___

21. 8 − 4 = ___
22. 8 − 3 = ___
23. 8 − 5 = ___
24. 9 − 5 = ___
25. 9 − 4 = ___
26. 7 − 3 = ___
27. 10 − 7 = ___
28. 9 − 7 = ___
29. 9 − 6 = ___
30. 8 − 6 = ___

오늘 _____ 문제를 풀었습니다.

_____ 문제를 올바르게 해결했습니다.

3과: 면과 점의 속성을 정의해 원뿔 및 직각 사각기둥을 포함한 3차원 도형을 찾아 이름 붙여보세요.

이름 _____ 날짜 _____

나의 혼합 연습

1. 4 + 2 = ___
2. 2 + ___ = 6
3. 6 = 3 + ___
4. 2 + 5 = ___
5. 7 = 5 + ___
6. 4 + 3 = ___
7. 7 = ___ + 4
8. 8 = ___ + 4
9. 4 + 5 = ___
10. 9 = ___ + 4

11. 2 + ___ = 6
12. 6 - 2 = ___
13. 6 - 4 = ___
14. 5 + ___ = 7
15. 7 - 5 = ___
16. 7 - 4 = ___
17. 7 - 3 = ___
18. 8 = 6 + ___
19. 8 - 2 = ___
20. 8 - 6 = ___

21. 8 - 5 = ___
22. 3 + ___ = 8
23. 8 = ___ + 5
24. ___ + 2 = 9
25. 9 = ___ + 7
26. 9 - 2 = ___
27. 9 - 7 = ___
28. 9 - 6 = ___
29. 9 = ___ + 4
30. 9 - 6 = ___

오늘 _____ 문제를 풀었습니다.

_____ 문제를 올바르게 해결했습니다.

1학년
모듈 6

단위 이야기   1과 핵심 실력 향상 연습 세트 A

이름 _____   날짜 _____

나의 덧셈 연습

1. 6 + 0 = ____	11. 7 + 1 = ____	21. 5 + 3 = ____
2. 0 + 6 = ____	12. ____ = 1 + 7	22. ____ = 5 + 4
3. 5 + 1 = ____	13. 3 + 3 = ____	23. 6 + 4 = ____
4. 1 + 5 = ____	14. 3 + 4 = ____	24. 4 + 6 = ____
5. 6 + 1 = ____	15. ____ = 3 + 5	25. ____ = 4 + 4
6. 1 + 6 = ____	16. 6 + 3 = ____	26. 3 + 4 = ____
7. 6 + 2 = ____	17. 7 + 3 = ____	27. 5 + 5 = ____
8. 5 + 2 = ____	18. ____ = 7 + 2	28. ____ = 4 + 5
9. 2 + 5 = ____	19. 2 + 7 = ____	29. 3 + 7 = ____
10. 2 + 4 = ____	20. 2 + 8 = ____	30. ____ = 3 + 6

오늘 _____ 문제를 풀었습니다.

_____ 문제를 올바르게 해결했습니다.

1과 :   알 수 없는 차와 비교하기 문제 유형을 풀어보세요.

| 단위 이야기 | 1과 핵심 실력 향상 연습 세트 B | 1•6 |

이름 _____   날짜 _____

알 수 없는 가수 연습

1. 6 + ___ = 6	11. 3 + ___ = 6	21. 4 + ___ = 7
2. 0 + ___ = 6	12. 4 + ___ = 8	22. 7 = 3 + ___
3. 5 + ___ = 6	13. 10 = 5 + ___	23. 2 + ___ = 7
4. 4 + ___ = 6	14. 5 + ___ = 9	24. 2 + ___ = 8
5. 0 + ___ = 7	15. 5 + ___ = 7	25. 9 = 2 + ___
6. 6 + ___ = 7	16. 8 = 5 + ___	26. 2 + ___ = 10
7. 1 + ___ = 7	17. 5 + ___ = 9	27. 10 = 3 + ___
8. 7 + ___ = 8	18. 8 + ___ = 10	28. 3 + ___ = 9
9. 1 + ___ = 8	19. 7 + ___ = 10	29. 4 + ___ = 9
10. 6 + ___ = 8	20. 10 = 6 + ___	30. 10 = 4 + ___

오늘 _____ 문제를 풀었습니다.

_____ 문제를 올바르게 해결했습니다.

1과: 알 수 없는 차와 비교하기 문제 유형을 풀어보세요.

| 단위 이야기 | 1과 핵심 실력 향상 연습 세트 C | 1•6 |

이름 _____   날짜 _____

나의 연관 덧셈과 뺄셈 연습

1. $5 + \_\_\_ = 6$	11. $7 + \_\_\_ = 10$	21. $4 + \_\_\_ = 8$
2. $1 + \_\_\_ = 6$	12. $10 - 7 = \_\_\_$	22. $8 - 4 = \_\_\_$
3. $6 - 1 = \_\_\_$	13. $5 + \_\_\_ = 7$	23. $4 + \_\_\_ = 7$
4. $9 + \_\_\_ = 10$	14. $7 - 5 = \_\_\_$	24. $7 - 4 = \_\_\_$
5. $1 + \_\_\_ = 10$	15. $5 + \_\_\_ = 8$	25. $5 + \_\_\_ = 9$
6. $10 - 9 = \_\_\_$	16. $8 - 5 = \_\_\_$	26. $9 - 5 = \_\_\_$
7. $5 + \_\_\_ = 10$	17. $4 + \_\_\_ = 6$	27. $6 + \_\_\_ = 9$
8. $10 - 5 = \_\_\_$	18. $6 - 4 = \_\_\_$	28. $9 - 6 = \_\_\_$
9. $8 + \_\_\_ = 10$	19. $3 + \_\_\_ = 6$	29. $4 + \_\_\_ = 7$
10. $10 - 8 = \_\_\_$	20. $6 - 3 = \_\_\_$	30. $7 - 4 = \_\_\_$

오늘 _____ 문제를 풀었습니다.

_____ 문제를 올바르게 해결했습니다.

1과: 알 수 없는 차와 비교하기 문제 유형을 풀어보세요.

| 단위 이야기 | 1과 핵심 실력 향상 연습 세트 D | 1•6 |

이름 _____   날짜 _____

나의 뺄셈 연습

1. 6 – 0 = _____	11. 6 – 3 = _____	21. 8 – 4 = _____
2. 6 – 1 = _____	12. 7 – 3 = _____	22. 8 – 3 = _____
3. 7 – 1 = _____	13. 9 – 3 = _____	23. 8 – 5 = _____
4. 8 – 1 = _____	14. 10 – 8 = _____	24. 9 – 5 = _____
5. 6 – 2 = _____	15. 10 – 6 = _____	25. 9 – 4 = _____
6. 7 – 2 = _____	16. 10 – 4 = _____	26. 7 – 3 = _____
7. 9 – 2 = _____	17. 10 – 5 = _____	27. 10 – 7 = _____
8. 10 – 10 = _____	18. 7 – 6 = _____	28. 9 – 7 = _____
9. 10 – 9 = _____	19. 7 – 5 = _____	29. 9 – 6 = _____
10. 10 – 7 = _____	20. 6 – 4 = _____	30. 8 – 6 = _____

오늘 _____ 문제를 풀었습니다.

_____ 문제를 올바르게 해결했습니다.

1과 : 알 수 없는 차와 비교하기 문제 유형을 풀어보세요.

| 단위 이야기 | 1과 핵심 실력 향상 연습 세트 E | 1•6 |

이름 _____   날짜 _____

나의 혼합 연습

1. 4 + 2 = ____	11. 2 + ____ = 6	21. 8 − 5 = ____
2. 2 + ____ = 6	12. 6 − 2 = ____	22. 3 + ____ = 8
3. 6 = 3 + ____	13. 6 − 4 = ____	23. 8 = ____ + 5
4. 2 + 5 = ____	14. 5 + ____ = 7	24. ____ + 2 = 9
5. 7 = 5 + ____	15. 7 − 5 = ____	25. 9 = ____ + 7
6. 4 + 3 = ____	16. 7 − 4 = ____	26. 9 − 2 = ____
7. 7 = ____ + 4	17. 7 − 3 = ____	27. 9 − 7 = ____
8. 8 = ____ + 4	18. 8 = 6 + ____	28. 9 − 6 = ____
9. 4 + 5 = ____	19. 8 − 2 = ____	29. 9 = ____ + 4
10. 9 = ____ + 4	20. 8 − 6 = ____	30. 9 − 6 = ____

오늘 _____ 문제를 풀었습니다.

_____ 문제를 올바르게 해결했습니다.

1과: 알 수 없는 차와 비교하기 문제 유형을 풀어보세요.

| 단위 이야기 | | 3과 핵심 덧셈 질주 1 | 1•6 |

A

이름 _____ 날짜 _____

*빈칸에 숫자를 쓰세요. 기호에 주의하세요.

1.	4 + 1 = ____	16.	4 + 3 = ____
2.	4 + 2 = ____	17.	____ + 4 = 7
3.	4 + 3 = ____	18.	7 = ____ + 4
4.	6 + 1 = ____	19.	5 + 4 = ____
5.	6 + 2 = ____	20.	____ + 5 = 9
6.	6 + 3 = ____	21.	9 = ____ + 4
7.	1 + 5 = ____	22.	2 + 7 = ____
8.	2 + 5 = ____	23.	____ + 2 = 9
9.	3 + 5 = ____	24.	9 = ____ + 7
10.	5 + ____ = 8	25.	3 + 6 = ____
11.	8 = 3 + ____	26.	____ + 3 = 9
12.	7 + 2 = ____	27.	9 = ____ + 6
13.	7 + 3 = ____	28.	4 + 4 = ____ + 2
14.	7 + ____ = 10	29.	5 + 4 = ____ + 3
15.	____ + 7 = 10	30.	____ + 7 = 3 + 6

3과 : 자릿값 표를 사용하여 최대 100까지 두 자리 숫자 내에서 십과 일을 기록하고 이름을 정하세요.

| 단위 이야기 | | 3과 핵심 덧셈 질주 1 | 1•6 |

B

이름 _____ 날짜 _____

정답 수:

*빈칸에 숫자를 쓰세요. 기호에 주의하세요.

1.	5 + 1 = ____	16.	2 + 4 = ____
2.	5 + 2 = ____	17.	____ + 4 = 6
3.	5 + 3 = ____	18.	6 = ____ + 4
4.	4 + 1 = ____	19.	3 + 4 = ____
5.	4 + 2 = ____	20.	____ + 3 = 7
6.	4 + 3 = ____	21.	7 = ____ + 4
7.	1 + 3 = ____	22.	4 + 5 = ____
8.	2 + 3 = ____	23.	____ + 4 = 9
9.	3 + 3 = ____	24.	9 = ____ + 5
10.	3 + ____ = 6	25.	2 + 6 = ____
11.	____ + 3 = 6	26.	____ + 6 = 9
12.	5 + 2 = ____	27.	9 = ____ + 2
13.	5 + 3 = ____	28.	3 + 3 = ____ + 4
14.	5 + ____ = 8	29.	3 + 4 = ____ + 5
15.	____ + 3 = 8	30.	____ + 6 = 2 + 7

3과: 자릿값 표를 사용하여 최대 100까지 두 자리 숫자 내에서 십과 일을 기록하고 이름을 정하세요.

A

단위 이야기 | 3과 핵심 덧셈 질주 2 | 1•6

정답 수:

이름 _____ 날짜 _____

*빈칸에 숫자를 쓰세요. 등호에 주의하세요.

1.	5 + 2 = ____	16.	____ = 5 + 4
2.	6 + 2 = ____	17.	____ = 4 + 5
3.	7 + 2 = ____	18.	6 + 3 = ____
4.	4 + 3 = ____	19.	3 + 6 = ____
5.	5 + 3 = ____	20.	____ = 2 + 6
6.	6 + 3 = ____	21.	2 + 7 = ____
7.	____ = 6 + 2	22.	____ = 3 + 4
8.	____ = 2 + 6	23.	3 + 6 = ____
9.	____ = 7 + 2	24.	____ = 4 + 5
10.	____ = 2 + 7	25.	3 + 4 = ____
11.	____ = 4 + 3	26.	13 + 4 = ____
12.	____ = 3 + 4	27.	3 + 14 = ____
13.	____ = 5 + 3	28.	3 + 6 = ____
14.	____ = 3 + 5	29.	13 + ____ = 19
15.	____ = 3 + 4	30.	19 = ____ + 16

3과: 자릿값 표를 사용하여 최대 100까지 두 자리 숫자 내에서 십과 일을 기록하고 이름을 정하세요.

B

단위 이야기   3과 핵심 덧셈 질주 2   1•6

정답 수:

이름 _____   날짜 _____

*빈칸에 숫자를 쓰세요. 기호에 주의하세요.

1.	4 + 3 = ____	16.	____ = 6 + 3
2.	5 + 3 = ____	17.	____ = 3 + 6
3.	6 + 3 = ____	18.	5 + 4 = ____
4.	6 + 2 = ____	19.	4 + 5 = ____
5.	7 + 2 = ____	20.	____ = 2 + 7
6.	5 + 4 = ____	21.	2 + 6 = ____
7.	____ = 4 + 3	22.	____ = 3 + 4
8.	____ = 3 + 4	23.	4 + 5 = ____
9.	____ = 5 + 3	24.	____ = 3 + 6
10.	____ = 3 + 5	25.	2 + 7 = ____
11.	____ = 6 + 2	26.	12 + 7 = ____
12.	____ = 2 + 6	27.	2 + 17 = ____
13.	____ = 7 + 2	28.	4 + 5 = ____
14.	____ = 2 + 7	29.	14 + ____ = 19
15.	____ = 7 + 2	30.	19 = ____ + 15

3과: 자릿값 표를 사용하여 최대 100까지 두 자리 숫자 내에서 십과 일을 기록하고 이름을 정하세요.

| 단위 이야기 | | | 3과 핵심 뺄셈 질주 | 1•6 |

A

정답 수:

이름 _____   날짜 _____

*빈칸에 숫자를 쓰세요. 기호에 주의하세요.

1.	6 − 1 = ____	16.	8 − 2 = ____
2.	6 − 2 = ____	17.	8 − 6 = ____
3.	6 − 3 = ____	18.	7 − 3 = ____
4.	10 − 1 = ____	19.	7 − 4 = ____
5.	10 − 2 = ____	20.	8 − 4 = ____
6.	10 − 3 = ____	21.	9 − 4 = ____
7.	7 − 2 = ____	22.	9 − 5 = ____
8.	8 − 2 = ____	23.	9 − 6 = ____
9.	9 − 2 = ____	24.	9 − ____ = 6
10.	7 − 3 = ____	25.	9 − ____ = 2
11.	8 − 3 = ____	26.	2 = 8 − ____
12.	10 − 3 = ____	27.	2 = 9 − ____
13.	10 − 4 = ____	28.	10 − 7 = 9 − ____
14.	9 − 4 = ____	29.	9 − 5 = ____ − 3
15.	8 − 4 = ____	30.	____ − 6 = 9 − 7

단위 이야기

B

정답 수:

이름 _____ 날짜 _____

*빈칸에 숫자를 쓰세요. 기호에 주의하세요.

1.	5 – 1 = ____	16.	6 – 2 = ____
2.	5 – 2 = ____	17.	6 – 4 = ____
3.	5 – 3 = ____	18.	8 – 3 = ____
4.	10 – 1 = ____	19.	8 – 5 = ____
5.	10 – 2 = ____	20.	8 – 6 = ____
6.	10 – 3 = ____	21.	9 – 3 = ____
7.	6 – 2 = ____	22.	9 – 6 = ____
8.	7 – 2 = ____	23.	9 – 7 = ____
9.	8 – 2 = ____	24.	9 – ____ = 5
10.	6 – 3 = ____	25.	9 – ____ = 4
11.	7 – 3 = ____	26.	4 = 8 – ____
12.	8 – 3 = ____	27.	4 = 9 – ____
13.	5 – 4 = ____	28.	10 – 8 = 9 – ____
14.	6 – 4 = ____	29.	8 – 6 = ____ – 7
15.	7 – 4 = ____	30.	____ – 4 = 9 – 6

3과 : 자릿값 표를 사용하여 최대 100까지 두 자리 숫자 내에서 십과 일을 기록하고 이름을 정하세요

| 단위 이야기 | | 핵심 실력 향상 질주 : 총합 5, 6, 7 | 1•6 |

A

정답 수:

이름 _____   날짜 _____

*빈칸에 숫자를 쓰세요. 기호에 주의하세요.

1.	2 + 3 = ____	16.	3 + 3 = ____
2.	3 + ____ = 5	17.	6 − 3 = ____
3.	5 − 3 = ____	18.	6 = ____ + 3
4.	5 − 2 = ____	19.	2 + 5 = ____
5.	____ + 2 = 5	20.	5 + ____ = 7
6.	1 + 5 = ____	21.	7 − 2 = ____
7.	1 + ____ = 6	22.	7 − 5 = ____
8.	6 − 1 = ____	23.	7 = ____ + 5
9.	6 − 5 = ____	24.	3 + 4 = ____
10.	____ + 5 = 6	25.	4 + ____ = 7
11.	4 + 2 = ____	26.	7 − 4 = ____
12.	2 + ____ = 6	27.	7 = ____ + 3
13.	6 − 2 = ____	28.	3 = 7 − ____
14.	6 − 4 = ____	29.	7 − 5 = ____ − 4
15.	____ + 4 = 6	30.	____ − 3 = 7 − 4

3과 : 자릿값 표를 사용하여 최대 100까지 두 자리 숫자 내에서 십과 일을 기록하고 이름을 정하세요.

B

핵심 실력 향상 질주 : 총합 5, 6, 7   1•6

정답 수:

이름 _____   날짜 _____

*빈칸에 숫자를 쓰세요. 기호에 주의하세요.

1.	1 + 4 = ____	16.	3 + 3 = ____
2.	4 + ____ = 5	17.	6 − 3 = ____
3.	5 − 4 = ____	18.	6 = ____ + 3
4.	5 − 1 = ____	19.	2 + 4 = ____
5.	____ + 1 = 5	20.	4 + ____ = 6
6.	7 + 2 = ____	21.	6 − 2 = ____
7.	5 + ____ = 7	22.	6 − 4 = ____
8.	7 − 2 = ____	23.	6 = ____ + 4
9.	7 − 5 = ____	24.	3 + 4 = ____
10.	____ + 2 = 7	25.	4 + ____ = 7
11.	1 + 5 = ____	26.	7 − 4 = ____
12.	1 + ____ = 6	27.	7 = ____ + 4
13.	6 − 1 = ____	28.	4 = 7 − ____
14.	6 − 5 = ____	29.	6 − 4 = ____ − 5
15.	____ + 5 = 6	30.	____ − 4 = 7 − 3

3과 :   자릿값 표를 사용하여 최대 100까지 두 자리 숫자 내에서 십과 일을 기록하고 이름을 정하세요.

| 단위 이야기 | | 핵심 실력 향상 질주 : 총합, 8, 9, 10 | 1•6 |

A

정답 수:

이름 _____ 날짜 _____

*빈칸에 숫자를 쓰세요. 기호에 주의하세요.

1.	5 + 5 = ____	16.	2 + 6 = ____
2.	5 + ____ = 10	17.	8 = 6 + ____
3.	10 − 5 = ____	18.	8 − 2 = ____
4.	9 + 1 = ____	19.	2 + 7 = ____
5.	1 + ____ = 10	20.	9 = 7 + ____
6.	10 − 1 = ____	21.	9 − 7 = ____
7.	10 − 9 = ____	22.	8 = ____ + 2
8.	____ + 9 = 10	23.	8 − 6 = ____
9.	1 + 8 = ____	24.	3 + 6 = ____
10.	8 + ____ = 9	25.	9 = 6 + ____
11.	9 − 1 = ____	26.	9 − 6 = ____
12.	9 − 8 = ____	27.	9 = ____ + 3
13.	____ + 1 = 9	28.	3 = 9 − ____
14.	4 + 4 = ____	29.	9 − 5 = ____ − 6
15.	8 − 4 = ____	30.	____ − 7 = 8 − 6

B

핵심 실력 향상 질주 : 총합, 8, 9, 10

이름 _____ 날짜 _____

정답 수:

*빈칸에 숫자를 쓰세요. 기호에 주의하세요.

1.	9 + 1 = ____	16.	3 + 5 = ____
2.	1 + ____ = 10	17.	8 = 5 + ____
3.	10 − 1 = ____	18.	8 − 3 = ____
4.	10 − 9 = ____	19.	2 + 6 = ____
5.	____ + 9 = 10	20.	8 = 6 + ____
6.	1 + 7 = ____	21.	8 − 6 = ____
7.	7 + ____ = 8	22.	2 + 7 = ____
8.	8 − 1 = ____	23.	9 = ____ + 2
9.	8 − 7 = ____	24.	9 − 7 = ____
10.	____ + 1 = 8	25.	4 + 5 = ____
11.	2 + 8 = ____	26.	9 = 5 + ____
12.	2 + ____ = 10	27.	9 − 5 = ____
13.	10 − 2 = ____	28.	5 = 9 − ____
14.	10 − 8 = ____	29.	9 − 6 = ____ − 5
15.	____ + 8 = 10	30.	____ − 6 = 9 − 7

3과 : 자릿값 표를 사용하여 최대 100까지 두 자리 숫자 내에서 십과 일을 기록하고 이름을 정하세요.

A

단위 이야기 | 9과 질주 | 1•6

정답 수:

이름 _____   날짜 _____

*빈칸에 알맞을 숫자를 쓰세요. 더하기 또는 빼기 기호에 주의하세요.

1.	5 + 1 = ☐		16.	29 + 10 = ☐	
2.	15 + 1 = ☐		17.	9 + 1 = ☐	
3.	25 + 1 = ☐		18.	19 + 1 = ☐	
4.	5 + 10 = ☐		19.	29 + 1 = ☐	
5.	15 + 10 = ☐		20.	39 + 1 = ☐	
6.	25 + 10 = ☐		21.	40 − 1 = ☐	
7.	8 − 1 = ☐		22.	30 − 1 = ☐	
8.	18 − 1 = ☐		23.	20 − 1 = ☐	
9.	28 − 1 = ☐		24.	20 + ☐ = 21	
10.	38 − 1 = ☐		25.	20 + ☐ = 30	
11.	38 − 10 = ☐		26.	27 + ☐ = 37	
12.	28 − 10 = ☐		27.	27 + ☐ = 28	
13.	18 − 10 = ☐		28.	☐ + 10 = 34	
14.	9 + 10 = ☐		29.	☐ − 10 = 14	
15.	19 + 10 = ☐		30.	☐ − 10 = 24	

9과 : 숫자를 써서 최대 120개의 물체를 나타내보세요.

B

이름 _____   날짜 _____

*빈칸에 알맞을 숫자를 쓰세요. 더하기 또는 빼기 기호에 주의하세요.

1.	4 + 1 = ☐		16.	28 + 10 = ☐	
2.	14 + 1 = ☐		17.	9 + 1 = ☐	
3.	24 + 1 = ☐		18.	19 + 1 = ☐	
4.	6 + 10 = ☐		19.	29 + 1 = ☐	
5.	16 + 10 = ☐		20.	39 + 1 = ☐	
6.	26 + 10 = ☐		21.	40 − 1 = ☐	
7.	7 − 1 = ☐		22.	30 − 1 = ☐	
8.	17 − 1 = ☐		23.	20 − 1 = ☐	
9.	27 − 1 = ☐		24.	10 + ☐ = 11	
10.	37 − 1 = ☐		25.	10 + ☐ = 20	
11.	37 − 10 = ☐		26.	22 + ☐ = 32	
12.	27 − 10 = ☐		27.	22 + ☐ = 23	
13.	17 − 10 = ☐		28.	☐ + 10 = 39	
14.	8 + 10 = ☐		29.	☐ − 10 = 19	
15.	18 + 10 = ☐		30.	☐ − 10 = 29	

단위 이야기 | 10과 실력 향상 템플릿 | 1•6

이름 _____   날짜 _____

 **정상으로 달려가자!**

| 2 | 3 | 4 | 5 | 6 | 7 | 8 | 9 | 10 | 11 | 12 |

정상까지의 경주

10과: 10센트짜리 동전을 포함하여 10에서 100까지의 10의 배수의 덧셈과 뺄셈을 해보세요.

이름 _____	이름 _____
파트너 _____	파트너 _____
예	예
1 단계 : 4 – 1을 1로 다시 작성 + _____ = 4.	1 단계 : 4 – 1을 1로 다시 작성 + _____ = 4.
2 단계 : 종이 교환 및 해결	2 단계 : 종이 교환 및 해결
목록 A	**목록 B**
1. 10 – 9 _____	1. 10 – 8 _____
2. 10 – 8 _____	2. 10 – 7 _____
3. 9 – 8 _____	3. 8 – 7 _____
4. 9 – 6 _____	4. 8 – 6 _____
5. 8 – 6 _____	5. 9 – 6 _____
6. 7 – 4 _____	6. 7 – 6 _____
7. 7 – 5 _____	7. 7 – 5 _____
8. 8 – 5 _____	8. 7 – 4 _____
9. 9 – 5 _____	9. 8 – 5 _____
10. 9 – 6 _____	10. 6 – 4 _____

_____
짝꿍 시트 목록 A 또는 B

18과 : 일의 자리 숫자의 다양한 합을 가진 한 쌍의 두 자리 숫자를 더하고, 다른 기록 방법의 결과에 대해 비교하세요.

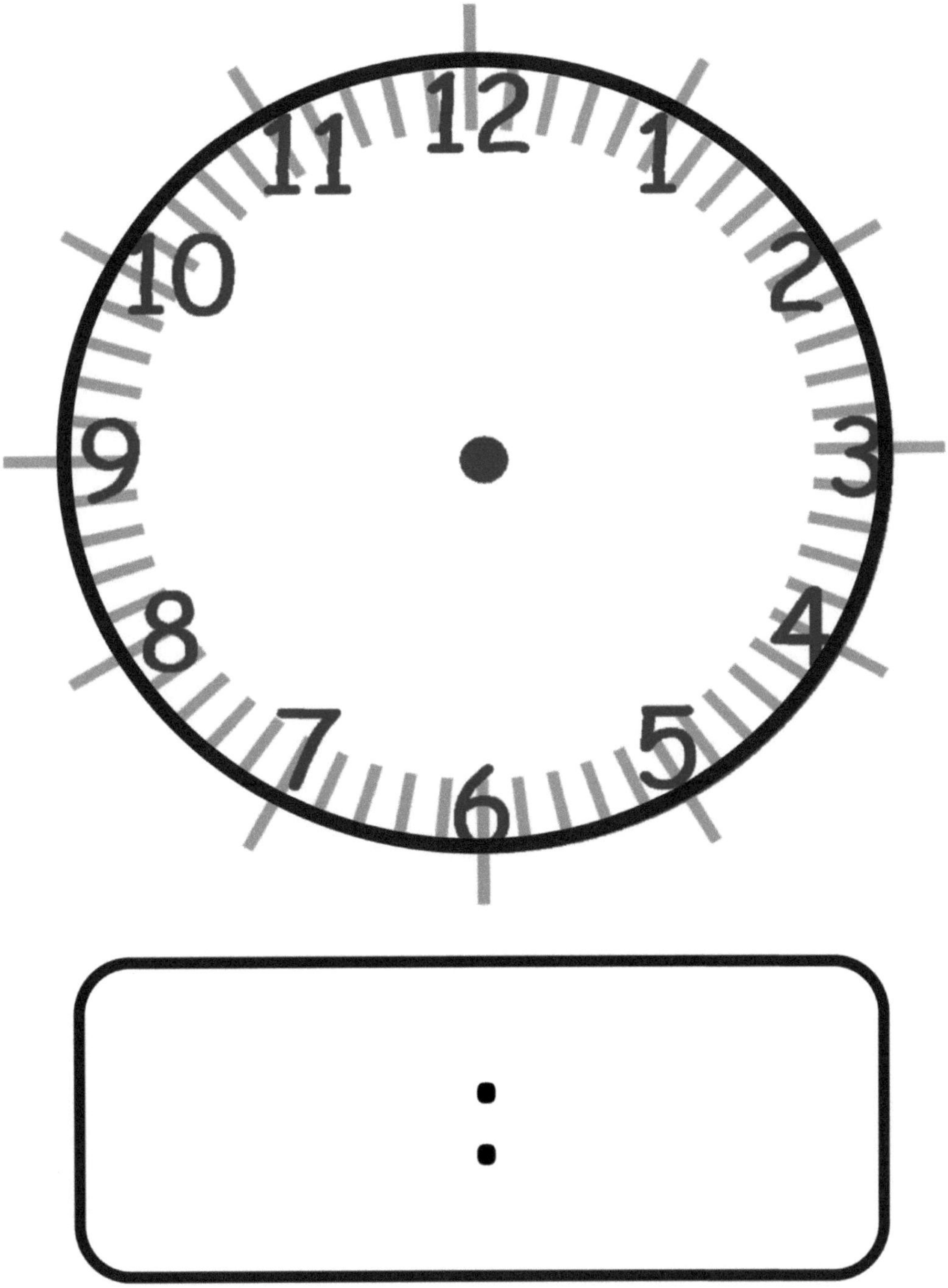

| 단위 이야기 | 26과 실력 향상 템플릿 | 1•6 |

시계

_____시 정각입니다.   ____ 시 30분입니다.

시간 기록 시트

26과 : 더 크거나 더 작은 미지수와 비교하기 문제 유형을 풀어보세요.

127

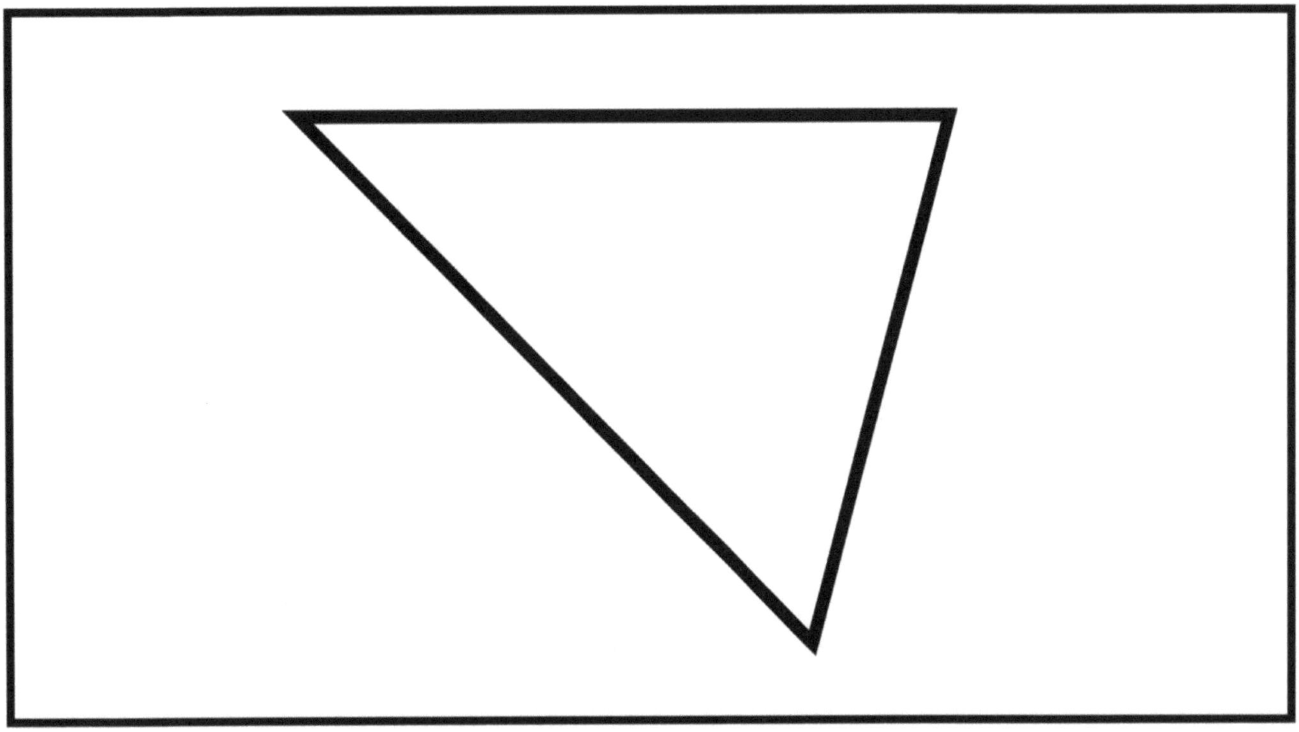

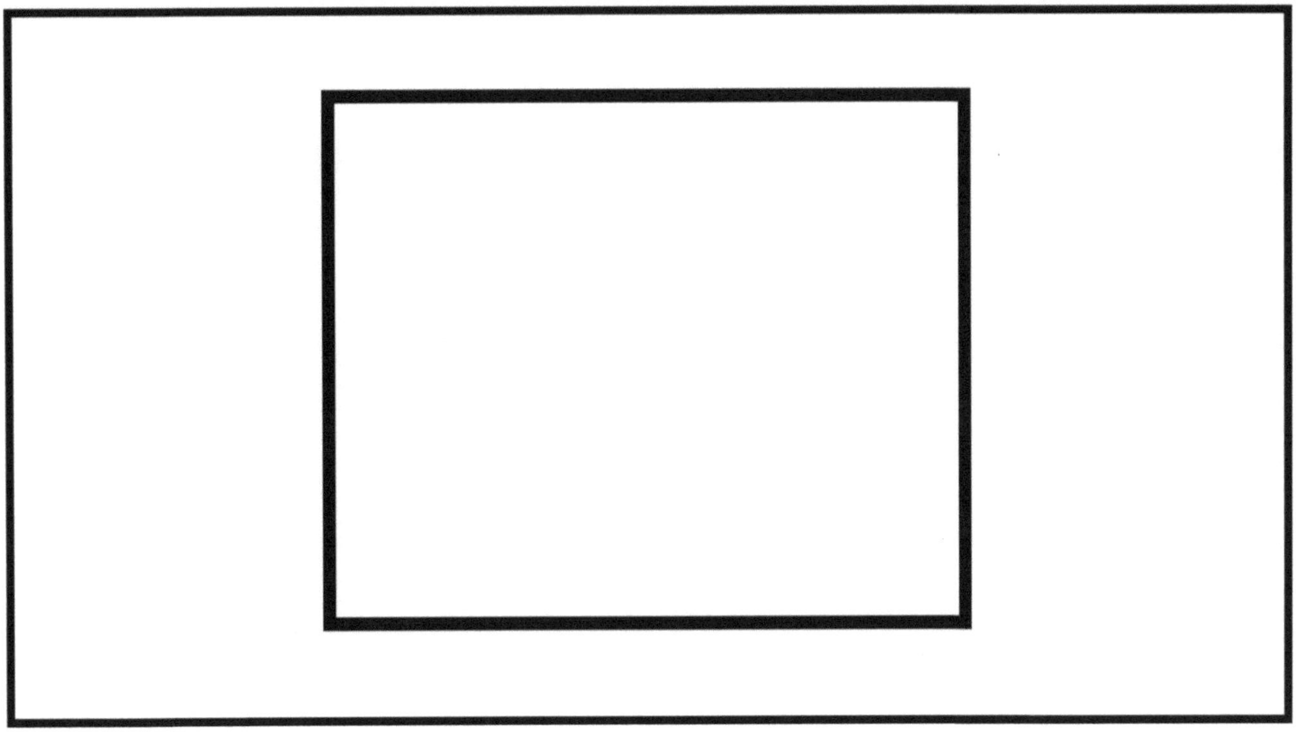

2차원 도형 플래시 카드

27과: 다양한 유형의 문제를 해결하기 위해 친구의 방법을 공유하고 평가해보세요.

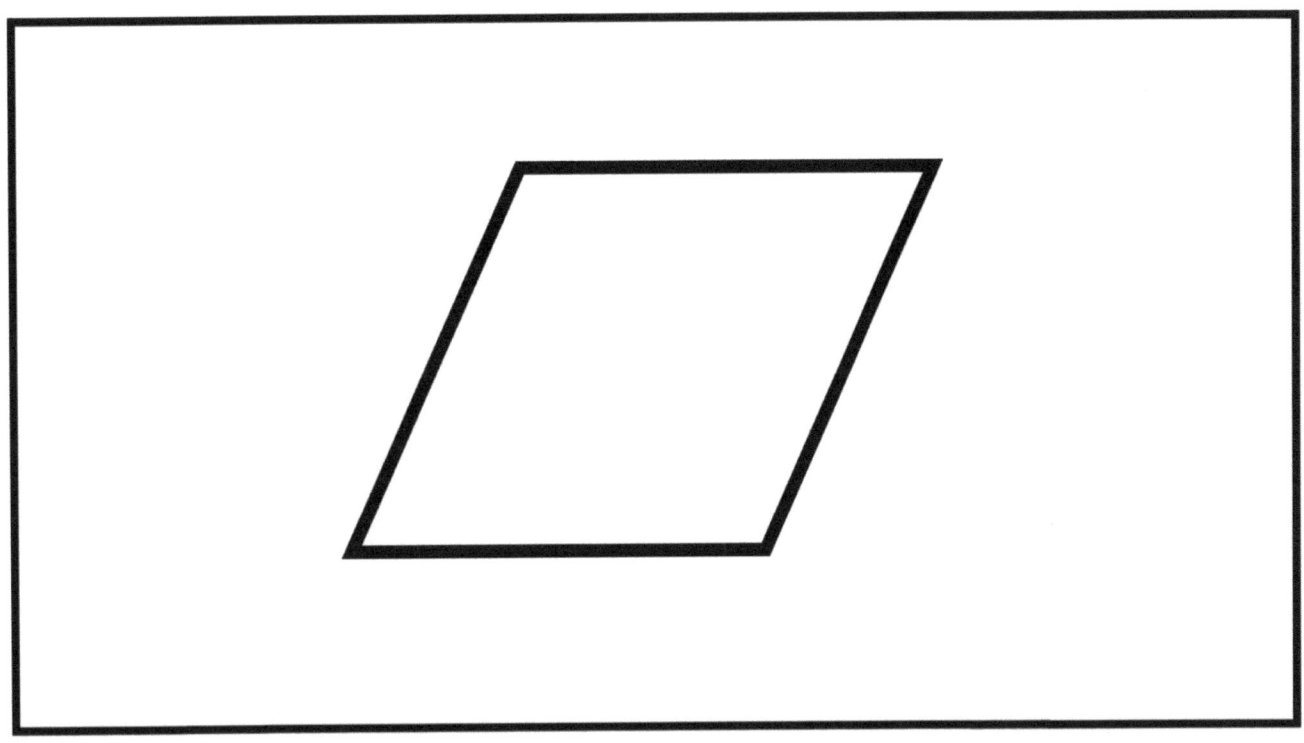

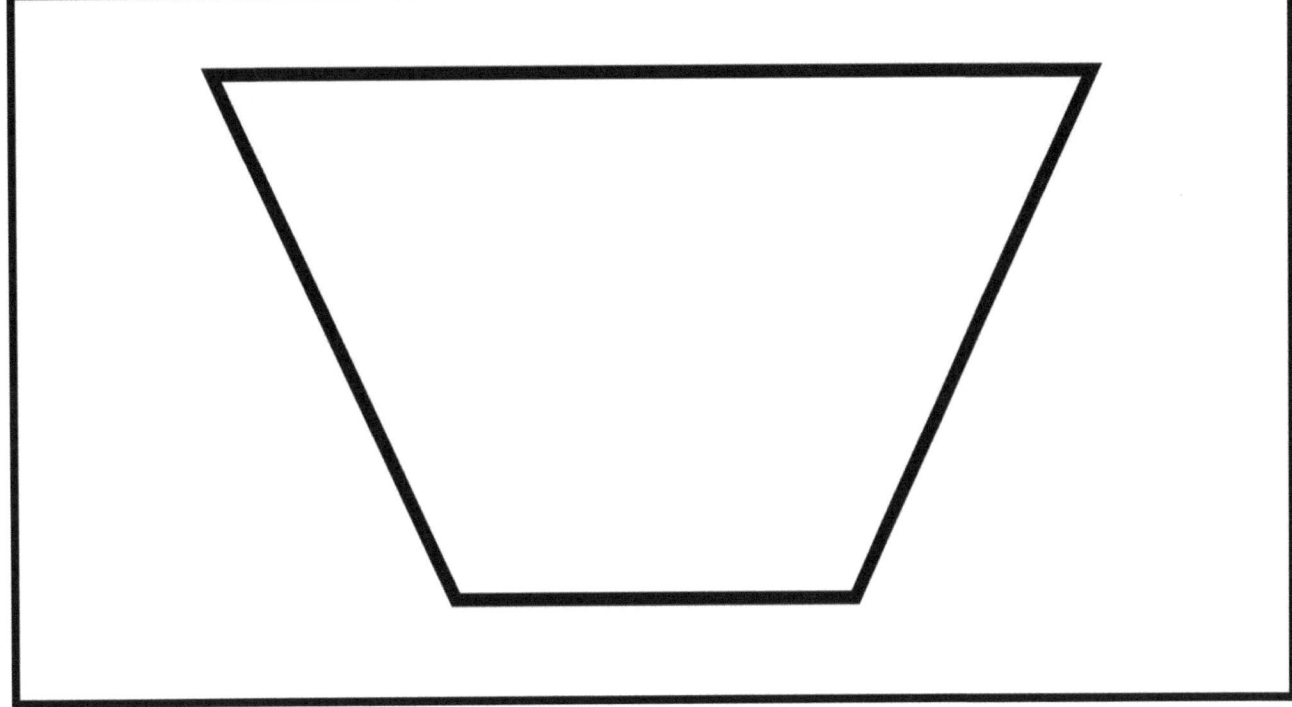

2차원 도형 플래시 카드

27과: 다양한 유형의 문제를 해결하기 위해 친구의 방법을 공유하고 평가해보세요.

| 단위 이야기 | 27과 실력 향상 템플릿 1 | 1·6 |

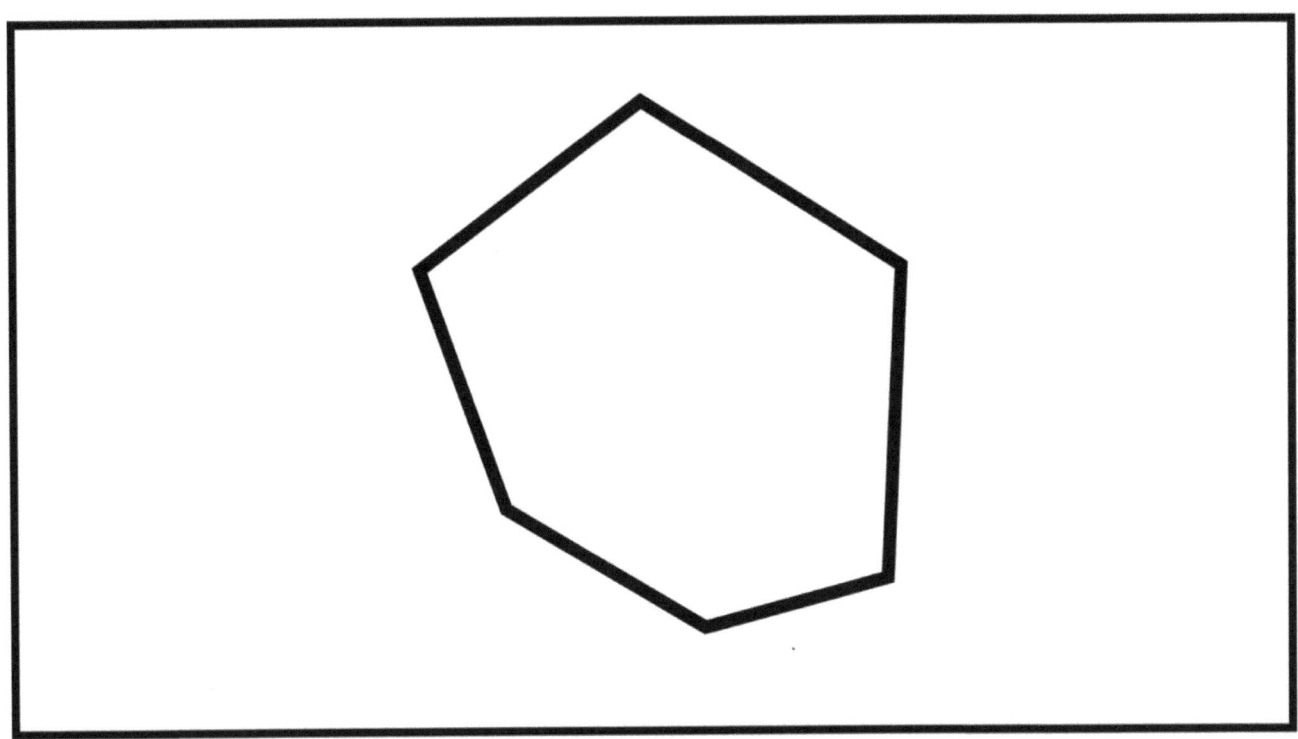

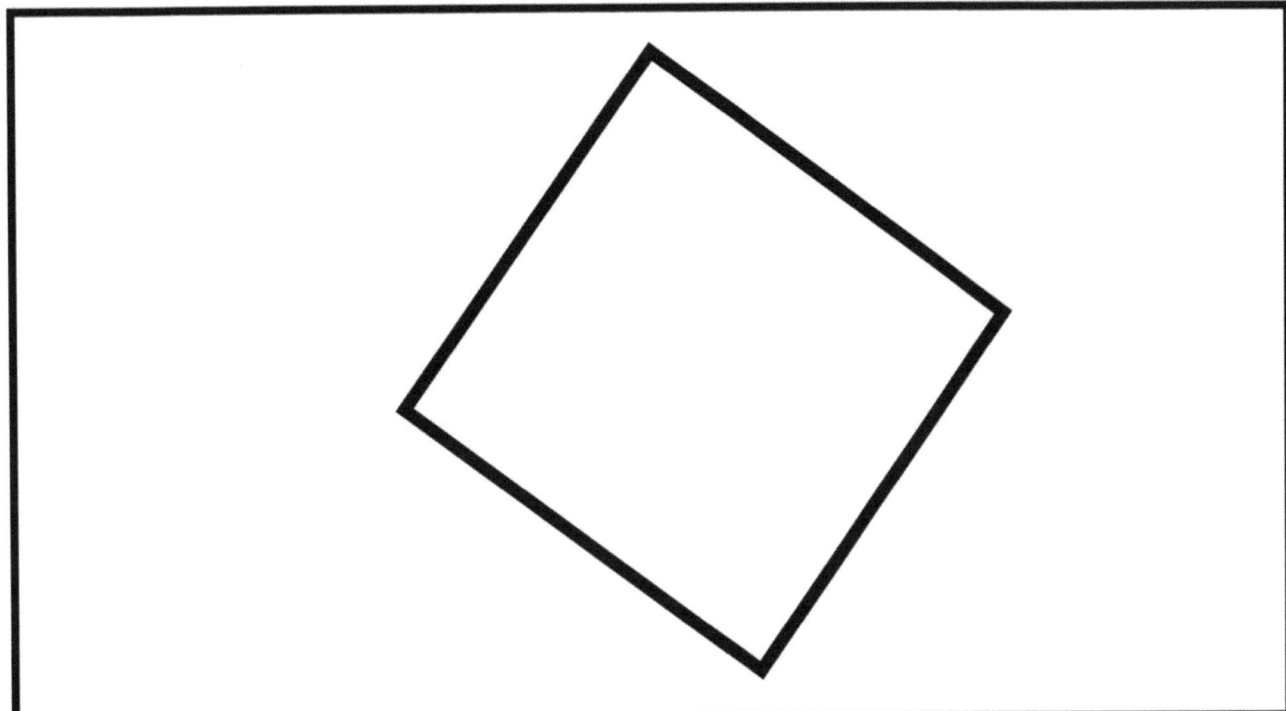

2차원 도형 플래시 카드

27과: 다양한 유형의 문제를 해결하기 위해 친구의 방법을 공유하고 평가해보세요.

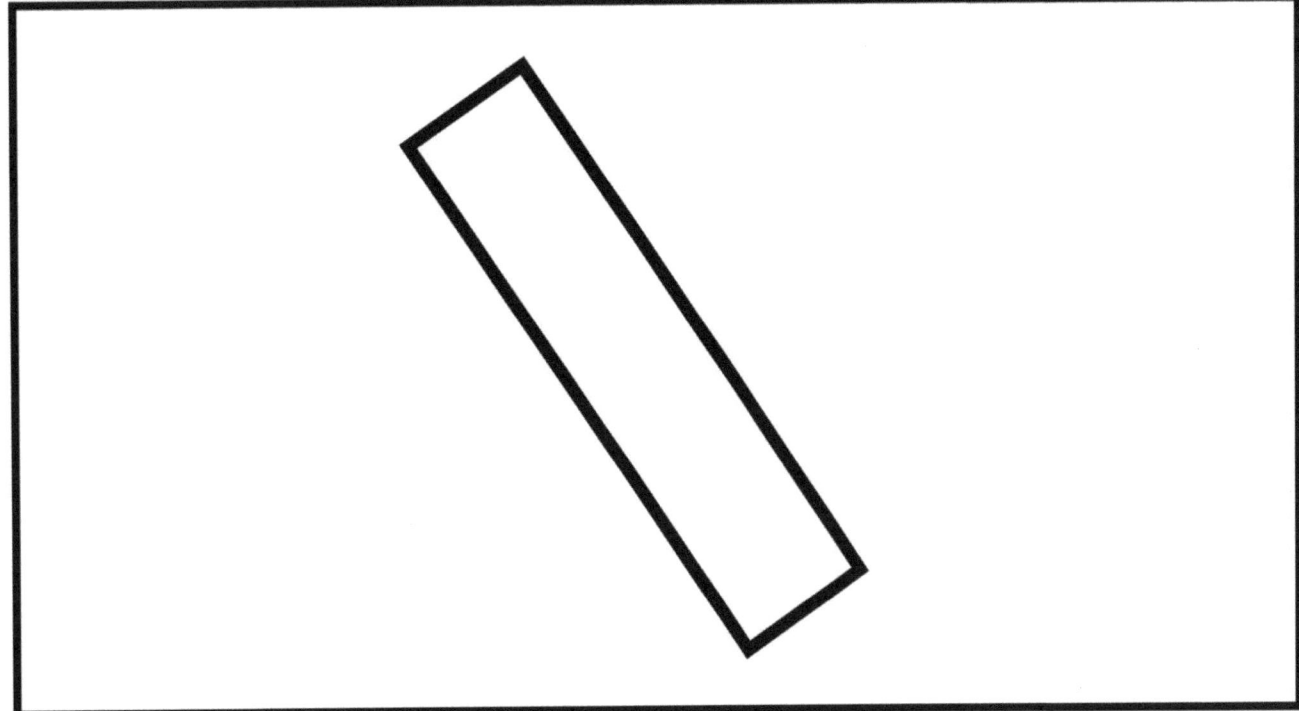

2차원 도형 플래시 카드

2차원 도형	3차원 도형
원	구
삼각형	원뿔
직사각형	원기둥
마름모	사각 기둥
정사각형	정육면체
사다리꼴	
육각형	

____ 모서리

____ 사각형 모서리

____ 변

모든 변이 같은 길이입니까?

예   아니오

____ 모서리

____ 면

____ 직선 모서리

모든 변이 같은 길이입니까?

예   아니오

도형 기록 시트

A

이름 _____ 날짜 _____

정답 수:

*점의 수를 쓰세요. 더 쉽게 계산할 수 있도록 점을 묶을 수 있는 방법을 찾아보세요!

1. ●●		16. ●●●●● ●●●●	
2. ●●●		17. ●●●●● ●●●	
3. ●●●●		18. ●●●●● ●●●●●	
4. ●●●		19. ●●●●● ●●	
5. ●		20. ●●●●● ●	
6. ●●●●		21. ●●●●● ●●●●	
7. ●●●●●		22. ●●●●● ●●●●●	
8. ●●●●		23. ●●●● ●●●●●	
9. ●●●●● ●		24. ●●●●● ●●●	
10. ●●●●● ●●		25. ●●● ●● / ●●●●●	
11. ●●●●●		26. ●●●●● ●●	
12. ●●●●		27. ●●● ●● / ●● ●●●	
13. ●●●●● ●		28. ●● ●● / ●● ●●	
14. ●●●●● ●●●		29. ●● ●● / ●● ●	
15. ●●●●● ●●		30. ●● ●● / ●●●●●	

28과: 다양한 유형의 문제를 해결하기 위해 친구의 방법을 공유하고 평가해보세요.

B

이름 _____ 날짜 _____

정답 수:

*점의 수를 쓰세요. 더 쉽게 계산할 수 있도록 점을 묶을 수 있는 방법을 찾아보세요!

1.	•		16.	••••• •••	
2.	••		17.	••••• ••••	
3.	•		18.	••••• ••	
4.	••••		19.	••••• •••	
5.	•••		20.	••••• •••••	
6.	•••••		21.	••••• ••••	
7.	••••		22.	••••• •••••	
8.	•••••		23.	• •••• •••••	
9.	••••• ••		24.	••••• •••••	
10.	••••• •		25.	•• •••••	
11.	••••• •••		26.	••• • •• ••	
12.	••••• •		27.	•• ••• ••• ••	
13.	•••••		28.	•• •• •• ••	
14.	••••• ••		29.	••• •• ••• ••	
15.	•••••		30.	••• ••••	

28과: 다양한 유형의 문제를 해결하기 위해 친구의 방법을 공유하고 평가해보세요.

단위 이야기   28과 템플릿 2   1•6

목표 숫자:

목표 연습

6과 10 사이의 목표 숫자를 정하고 페이지 상단의 원 안에 쓰세요. 주사위를 굴리세요. 화살표 중 하나의 끝에 원 안에 주사위에서 나온 숫자를 쓰세요. 그런 다음 다른 원에는 목표 숫자가 되기 위해 필요한 숫자를 써서 목표물을 맞춰보세요.

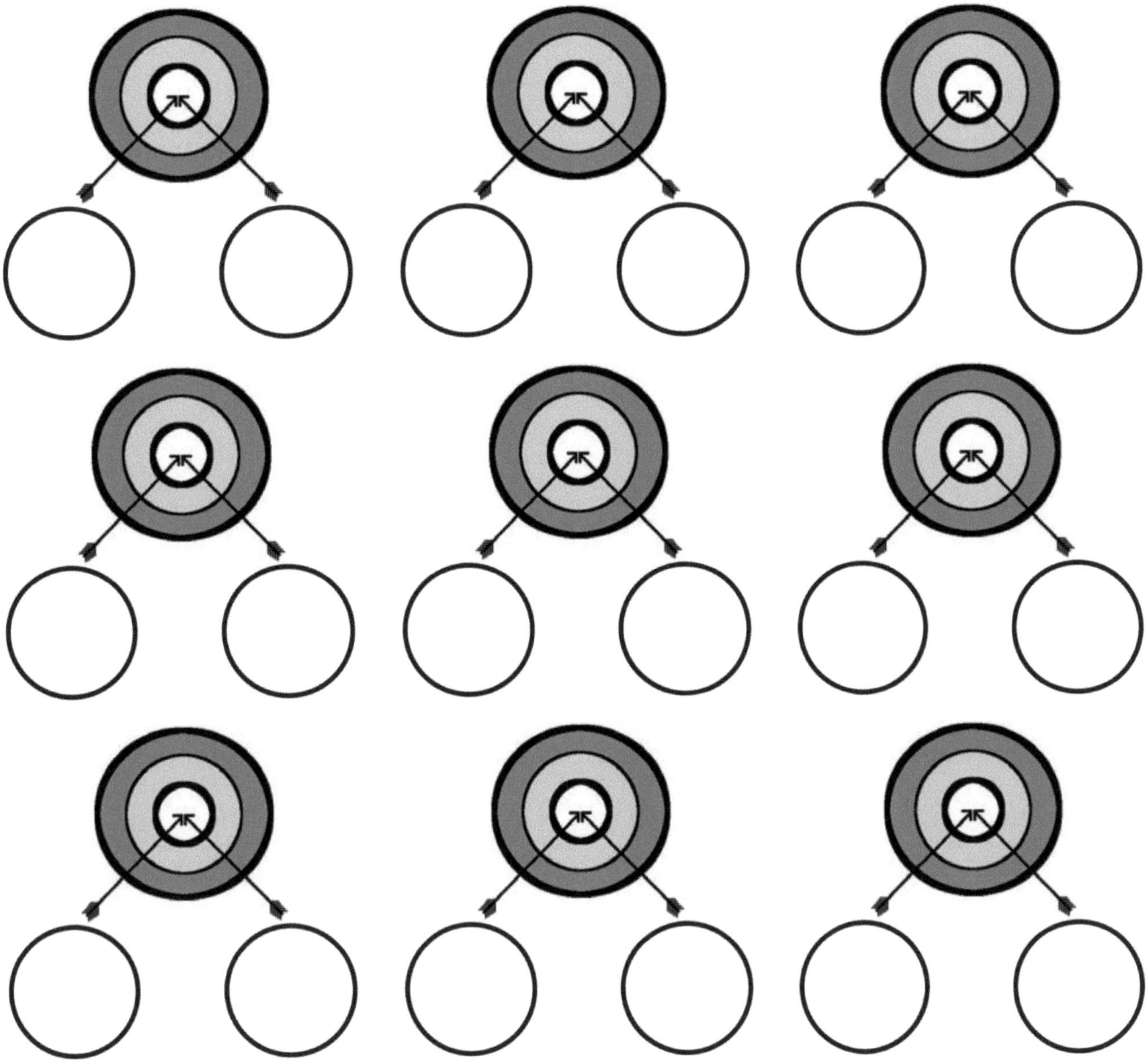

목표 연습

28과: 숫자 10 이내의 (그리고 20 이내의) 덧셈과 뺄셈 실력 향상을 축하하세요. 방학 하는 동안 연습할 것을 계획하세요.

이름 _____   날짜 _____

 정상으로 달려가자!

2	3	4	5	6	7	8	9	10	11	12

_____
정상까지의 경주

28과 : 숫자 10 이내의 (그리고 20 이내의) 덧셈과 뺄셈 실력 향상을 축하하세요. 방학 하는 동안 연습할 것을 계획하세요.

단위 이야기 29과 규칙 시트 1•6

이름 _____ 날짜 _____

숫자 합 경주!

알림 : 90초 동안 최대한 많이 완성하세요.

여기에 완성한 수를 적으세요.

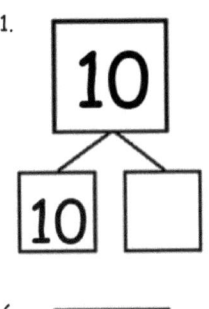 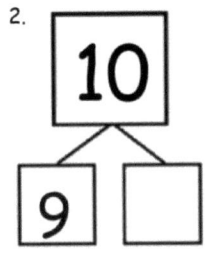 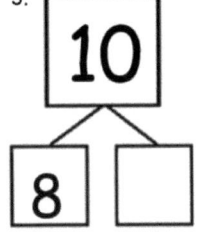 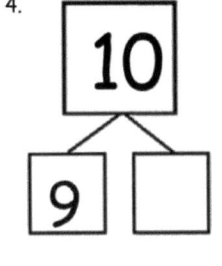 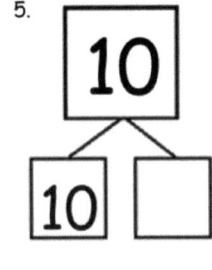

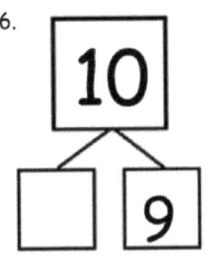 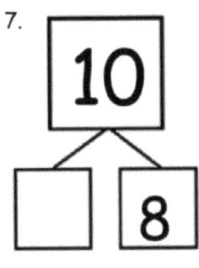 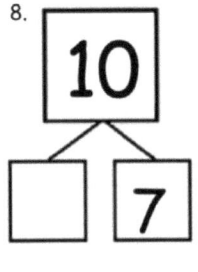 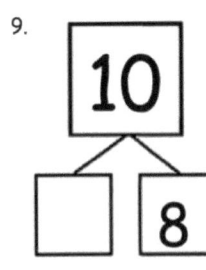 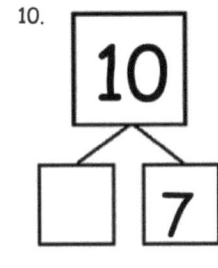

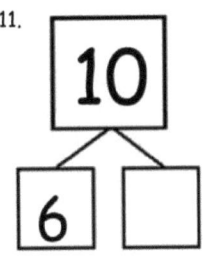 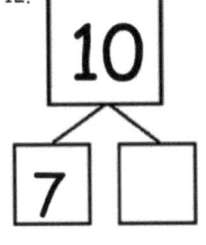 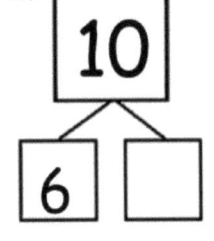 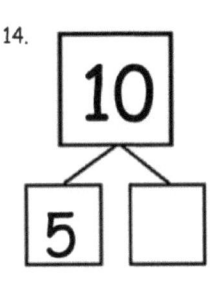 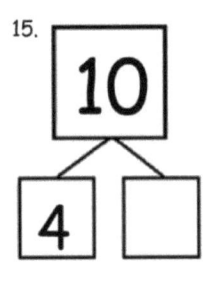

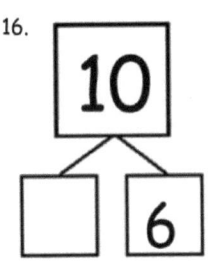 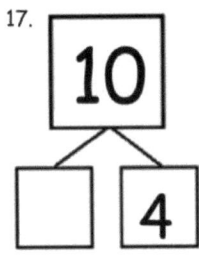 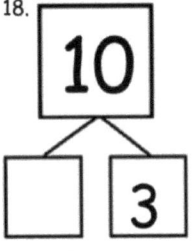

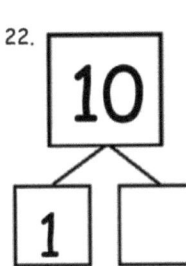 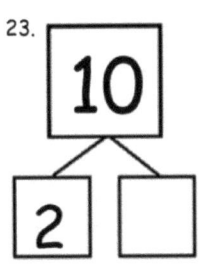

29과 : 숫자 10 이내의 (그리고 20 이내의) 덧셈과 뺄셈 실력 향상을 축하하세요. 방학 하는 동안 연습할 것을 계획하세요.

크레딧

Great Minds®는 모든 저작권 자료 재인쇄 허가를 얻기 위해 모든 노력을 기울이고 있습니다. 저작권이 있는 자료의 소유자가 여기에서 인정되지 않은 경우, 앞으로 이 모듈의 개정판 및 재판에 대하여 Great Minds에 적절한 승인에 대해 문의해 주시기 바랍니다.

Printed by Libri Plureos GmbH in Hamburg, Germany